Öffentliche Vernunft?

Edition
Wissenschaft & Demokratie

Herausgegeben von
Wilfried Hinsch

Band 1

Öffentliche Vernunft?

Die Wissenschaft in der Demokratie

Herausgegeben von
Wilfried Hinsch und Daniel Eggers

DE GRUYTER

ISBN 978-3-11-061420-6
e-ISBN (PDF) 978-3-11-061424-4
e-ISBN (EPUB) 978-3-11-061452-7
ISSN 2629-6292

This work is licensed under the Creative Commons Attribution-Non Commercial-No Derivatives 4.0 Licence. For details go to http://creativecommons.org/licenses/by-nc-nd/4.0/.

Library of Congress Control Number: 2019949328

Bibliografische Information der Deutschen Nationalbibliothek
Die Deutsche Nationalbibliothek verzeichnet diese Publikation in der Deutschen Nationalbibliografie; detaillierte bibliografische Daten sind im Internet über http://dnb.dnb.de abrufbar.

© 2019 Wilfried Hinsch, Daniel Eggers, published by Walter de Gruyter GmbH, Berlin/Boston
Umschlagabbildung: © W. Hinsch
Druck und Bindung: CPI books GmbH, Leck

www.degruyter.com

Geleitwort

Wissenschaft in der Demokratie – das Thema des vorliegenden Bandes berührt allgemein die Frage nach der Rolle und Funktion von Wissenschaft in der Gesellschaft.

In Deutschland ist die Freiheit und Unabhängigkeit von Wissenschaft rechtlich und institutionell verankert – etwa durch Artikel 5 des Grundgesetzes und durch das Selbstverwaltungsrecht der Hochschulen. Erst auf dieser Basis kann Wissenschaft ihren Zweck ohne Einschränkungen erfüllen, nämlich freie, nur dem Erkenntnisgewinn verpflichtete Forschung und Lehre durchzuführen. Sie ist insbesondere rechtlich nicht dazu verpflichtet, ihr Tun ökonomisch oder durch Nützlichkeitsnachweise zu rechtfertigen.

Allerdings erwartet die Gesellschaft zu Recht, dass die Wissenschaft ihre Erkenntnisse und ihr Wissen zur Verfügung stellt, etwa für Bildung, Ausbildung und Weiterbildung, bei technischen und medizinischen Innovationen und als Basis für den Diskurs über wichtige gesellschaftliche Herausforderungen.

Der Kontrast zwischen der Unabhängigkeit der Wissenschaft und den gesellschaftlichen Erwartungen gegenüber der Wissenschaft ist nicht immer spannungsfrei und muss stets reflektiert und neu austariert werden. Insbesondere große gesellschaftliche Herausforderungen stellen eine Bewährungsprobe dar, denn die Gesellschaft erwartet substanzielle Beiträge zu deren Bewältigung. Dabei überwiegt allerdings oft ein instrumentelles Verständnis von Wissenschaft, das von ihr die Lieferung passgenauer Lösungen erwartet. Die inhärente Komplexität von Klimawandel, Welthunger oder wachsender Ungleichheit macht einfache Lösungen jedoch nahezu unmöglich. Enttäuschungen sind vorprogrammiert. Mehr noch: Unscharfe oder vermeintlich widersprüchliche Aussagen von Forscherinnen und Forschern werfen die Frage nach der Glaubwürdigkeit und Leistungsfähigkeit von Wissenschaft auf und bekräftigen den Eindruck von Wissenschaft und Forschung als weltfremd und wenig nützlich.

Genau hier setzen die Angriffe der Populisten an: Typischerweise unterstellen sie, dass ‚die da oben' nicht wissen, was ‚die normalen Menschen' wollen. Sie malen das Bild einer entrückten Elite, die nicht zum Wohle der Allgemeinheit handelt, sondern vornehmlich zum eigenen. Hierzu präsentieren sie sich als Alternative. Das Bild der ‚abgehobenen' Wissenschaft im Elfenbeinturm fügt sich darin nahtlos ein. Anders als früher trifft das heute offenbar einen Nerv.

Forscherinnen und Forscher müssen sich deshalb fragen, ob sie der Gesellschaft gegenüber angemessen agieren. Allgemein geht es darum, regelmäßig und verlässlich über das eigene Tun zu berichten, über neue Erkenntnisse und Möglichkeiten – aber auch über die Grenzen wissenschaftlicher Erkenntnis. Diese

Aufgabe nimmt der Wissenschaft niemand ab. Es wird Zeit, sie anzuerkennen und ernst zu nehmen. In unserer immer komplexeren, technologie-intensiven Welt ist Wissenschaft mehr denn je etwas, das alle angeht. Umso wichtiger ist die angemessene Kommunikation über den Status von Wissenschaft, ihre Aufgaben und Ziele.

Mit dem *Wissenschaftsforum zu Köln und Essen* haben es sich unsere beiden Universitäten zum Ziel gesetzt, die öffentliche Debatte über die Rolle der Wissenschaft in der Gesellschaft mitzugestalten. Im Fokus stehen dabei sowohl der Austausch mit den relevanten gesellschaftlichen Akteuren als auch die wissenschaftliche Selbstreflexion. Die dort und anderswo vorgebrachten Diskussionsbeiträge und Impulse versammelt die neue Reihe Edition Wissenschaft & Demokratie, die der vorliegende Band eröffnet.

Unser herzlicher Dank gilt Professor Wilfried Hinsch und seinen Mitarbeiterinnen und Mitarbeitern sowie allen Unterstützerinnen und Unterstützern des Wissenschaftsforums aus den Universitäten Duisburg-Essen und Köln. Ein besonderer Dank gilt zudem der Stiftung Mercator und der Fritz Thyssen Stiftung für ihre großzügige Förderung des Wissenschaftsforums.

Wir hoffen und wünschen, dass der Band und das Wissenschaftsforum Gelegenheit geben, miteinander ins Gespräch zu kommen und im Gespräch zu bleiben – und dabei gerne auch in der Sache und über die Sache zu streiten.

Prof. Dr. Dr. h.c. Axel Freimuth   Prof. Dr. Ulrich Radtke
Rektor der Universität zu Köln   Rektor der Universität Duisburg-Essen

Inhalt

Wilfried Hinsch, Daniel Eggers
Einleitung —— 1

Politik & Vertrauen

E. Jürgen Zöllner
Die Verantwortung der Wissenschaft —— 11

Krista Sager, Gert G. Wagner
Wissenschaft unter Druck: Vertrauensverlust oder Zeichen gewachsener gesellschaftlicher Relevanz? —— 21

Silja Vöneky
Wissenschaftliche Politikberatung —— 35

Kommunikation

Nicola Kuhrt
Wissenschaftsjournalismus zwischen Utopie und Netzpessimismus —— 49

Daniel Eggers
Kontrolle ist besser —— 61

Annette Leßmöllmann
Hochschulkommunikation und Gemeinwohl —— 73

Orte offener Wissenschaft

Wilfried Hinsch, Lukas H. Meyer
Universitäten —— 87

Maike Weißpflug, Johannes Vogel
Museen —— 105

Über die Autoren —— 119

Wilfried Hinsch, Daniel Eggers
Einleitung

Der vorliegende erste Band der Edition Wissenschaft & Demokratie ist eine Veröffentlichung des *Wissenschaftsforums zu Köln und Essen*. Er geht auf einen Workshop im März 2018 in Essen zurück. Das 2016 in Köln gegründete Wissenschaftsforum soll dem freien Austausch und der Selbstverständigung von Wissenschaft, Öffentlichkeit und Politik dienen. Universitäten müssen sich, so unsere Überzeugung, neben den Akademien und Forschungsorganisationen mit der für sie charakteristischen Stimmenvielfalt an den kontroversen und gesellschaftlich zunehmend wichtigen Debatten beteiligen.

Die Edition Wissenschaft & Demokratie ist eine neue Reihe des Walter de Gruyter Verlages, in der Ergebnisse – und Zwischenergebnisse – der Diskussionen im Wissenschaftsforum veröffentlicht werden. Sie ist darüber hinaus für alle offen, die sich mit Beiträgen und neuen Ideen zu Problemen im Verhältnis von Wissenschaft, Öffentlichkeit und Politik zu Wort melden wollen. Die einzelnen Bände sind als Taschenbücher im Buchhandel erhältlich. Sie werden außerdem im *Open Access* auf den Webseiten des Verlags (www.degruyter.de) und des Wissenschaftsforums (www.wissenschaftsforum.uni-koeln.de) kostenlos zugänglich sein.

Gedankliche Klarheit, eine verständliche Sprache und innovative praktische Perspektiven sind naheliegende Anforderungen an eine Buchreihe mit wissenschaftspolitischen Ambitionen. In einem von *Science and Technology Studies*, Luhmann'scher Systemtheorie und Foucault'scher *Gouvernementalité* geprägten Diskurs über die Wissenschaft sind sie jedoch nicht selbstverständlich. Ohne das Bemühen, sie zu erfüllen, erscheint es freilich von vornherein vergeblich, in praktischer Absicht über Wissenschaft und Demokratie zu beraten.

Die politische Ethik der Demokratie beruht darauf, dass Menschen vernunftbegabte und erkenntnisfähige Wesen sind und dass sie grundsätzlich über alle für eine gerechte Gesellschaft nötigen Anlagen und Fähigkeiten verfügen. Ohne diese Annahme würde das Ideal einer politischen Gesellschaft von Freien und Gleichen kaum einleuchten. Die Vorstellung kollektiver Selbstbestimmung erschiene ohne den Glauben an eine in hinreichendem Maße von vernünftigen Erwägungen geleitete demokratische Öffentlichkeit eigentümlich bodenlos.

Für moderne, durch Wissenschaft und Technik geprägte Gesellschaften konkretisiert sich die Vorstellung einer von „vernünftigen" Erwägungen geleiteten Öffentlichkeit im Sinne einer „wissenschaftlich informierten" Öffentlichkeit. Dies bedeutet nicht, dass im Lichte der Erfolge der empirischen und historischen Wissenschaften in den vergangenen 300 Jahren nur mehr empirisch-wissenschaftliche Erkenntnisse vernünftig wären. Die Entwicklung der normativen Disziplinen und insbesondere der Gerechtigkeitstheorie seit Ende des Zweiten Weltkriegs zeigt, dass Werturteile und Normvorstellungen nicht grundsätzlich anders als empirisch-wissenschaftliche Aussagen einer rationalen Begründung und Überprüfung zugänglich sind. Und natürlich gibt es nicht-wissenschaftliche Einsichten und Wissensformen (technische Fähigkeiten, Faustregeln, lokales Wissen, ethische Überzeugungen, ästhetische Bewertungen), die vollkommen vernünftig, rational begründet und im Übrigen praktisch verlässlich sind.

Die Notwendigkeit einer „wissenschaftlich informierten" Öffentlichkeit ergibt sich daraus, dass in der Welt, in der wir leben, ein großer Anteil der vernünftigen Erwägungen, die für Fragen der politischen Gerechtigkeit und des Gemeinwohls relevant sind, in der einen oder anderen Form auf wissenschaftlich begründeten Erkenntnissen beruhen.

Aus diesem Grund führen mangelnde Vertrautheit mit der Wissenschaft und ein Mangel an Verständnis für wissenschaftliche Denk- und Arbeitsweisen in der Öffentlichkeit nicht nur zu Problemen für die Wissenschaft und ihre Einrichtungen. Sie stellen auch die Überzeugungskraft des Ideals demokratischer Selbstbestimmung in Frage. Demokratische Gleichheit kann nicht bedeuten, dass die Unwissenheit des einen ganz genauso gut ist wie das Wissen der anderen, wie schon der russisch-amerikanische Biochemiker und *Science Fiction* Autor Isaac Asimov in seiner Diagnose eines vermeintlich demokratischen „Kultes der Ignoranz" in den Vereinigten Staaten Anfang der 1980er Jahre kritisch anmerkte. Die Probleme beginnen mit der fehlenden Bereitschaft, in einzelnen Bereichen die Existenz wissenschaftlicher Expertise anzuerkennen und zur Grundlage des eigenen Handelns zu machen, etwa wenn es um Vorsorgeimpfungen gegen Epidemien geht oder um emissionsarme Technologien zur Eindämmung des Klimawandels; und sie reichen bis zum vollständigen Vertrauensverlust in wissenschaftliche Erkenntnis und zur grundsätzlichen Infragestellung des Unterschieds zwischen Tatsachen und Täuschungen.

Religiöser Fundamentalismus, ein amtierender US-Präsident, der den gefährlichen Klimawandel leugnet und *Fake News* im Internet sind bedrohliche Phänomene und geben gewiss Grund zu mehr als gelegentlicher Besorgnis. Wissenschaftskritische und rationalitätsfeindliche Überzeugungen und Einstellungen sind weithin verbreitet, nicht nur unter vermeintlich Ahnungslosen vor den Toren der Wissenschaft, sondern bis in die geistes- und sozialwissenschaftlichen Fakultäten und Institute hinein.

Es ist allerdings nicht ausgemacht, dass das Vertrauen in die Wissenschaft in Deutschland und anderswo tatsächlich schwindet. Umfrageergebnisse und auch die steigende Nachfrage nach wissenschaftlicher Politikberatung sprechen eher dagegen, wie Krista Sager und Gert G. Wagner in ihrem Beitrag herausstellen.

Unabhängig davon jedoch, ob ein radikaler Vertrauensverlust tatsächlich eingetreten ist oder nicht, muss die Wissenschaft reagieren.

Erstens muss sie ihre Vertrauens*würdigkeit* sicherstellen und sich diesbezüglich um ein angemessenes Selbstverständnis bemühen. Vertrauen ist nichts qualifikationslos Gutes und Misstrauen oft durchaus angebracht, erst recht, wenn hohe soziale Positionen und viel Geld im Spiel sind. Anstatt sich daher auf das Vorhandensein oder Nichtvorhandenen faktischen öffentlichen Vertrauens zu fokussieren, tut die Wissenschaft gut daran, ihre Bestrebungen auf ihre Verlässlichkeit als Mittel der Wahrheitssuche und Grundlage individueller und kollektiver Entscheidungen zu konzentrieren. Dazu gehört, zweitens, dass Vertrauenswürdigkeit medial *kommuniziert* werden muss, damit der Wissenschaft – ein kostspieliges und mächtiges Unternehmen – eben das öffentliche Vertrauen entgegengebracht wird, das sie verdient. Drittens muss sich die Wissenschaft stärker für Bürgerinnen und Bürger *öffnen* und ihnen die Möglichkeit bieten, direkte Erfahrungen mit wissenschaftlicher Arbeit zu machen und ggf. eigene Beiträge zu leisten.

Diese drei variabel kombinierbaren Ansatzpunkte bilden den Rahmen, in dem sich die Beiträge des vorliegenden Bandes bewegen. Die in den einzelnen Kapiteln angestellten Überlegungen gehen auf Diskussionen unter den Beteiligten im März 2018 in Essen und im Juni 2019 in Berlin zurück. Wir haben uns nicht darum bemüht, irgendeine Form von Konsens für die gemeinsame Veröffentlichung zu erreichen. Trotz vielfältig divergierender Einschätzungen und Bewertungen zeichnet sich jedoch eine Reihe von Konvergenzpunkten ab, von denen einige von besonderem Interesse sind, weil sie erkennen lassen, wo weiterer Diskussionsbedarf besteht. Wir formulieren sie hier als Thesen, ohne damit zugleich die anderen Autorinnen und Autoren des Bandes festlegen zu wollen, die das eine oder andere gewiss anders sagen würden.

(I) Es ist sinnvoll, aber nicht ausreichend, die ideelle und faktische Autorität der Wissenschaft durch medienwirksame Ereignisse wie *Marches of Science* oder gezieltere *Public Relations* von Universitäten und Forschungseinrichtungen öffentlich zur Geltung zu bringen. Weit über beides hinaus besteht mit Blick auf die gesellschaftliche Rolle und Verantwortung der Wissenschaft ein substanzieller Reflexions- und Orientierungsbedarf. Dieser betrifft ebenso die im engeren Sinne wissenschaftliche Tätigkeit wie ihre Kommunikation nach außen.

(II) Es ist falsch, die Autorität und Vertrauenswürdigkeit der Wissenschaft darin begründet zu sehen, dass sie, anders als Religion, Weltanschauung oder Ethik und Moral, im Besitz unbezweifelbar wahrer Erkenntnisse wäre. Eine Wissenschaft, die zu ihrer Selbstrechtfertigung immerfort „harte" Fakten bemühen muss und ihren Geltungsanspruch mit vorgeblich unbestreitbaren Wahrheiten untermauern will, untergräbt ihre eigene Basis. Die Offenheit aller Erkenntnisprozesse und die prinzipielle Widerlegbarkeit ihrer Ergebnisse gehören zu den konstitutiven Merkmalen von Wissenschaft.

(III) Wissenschaft ist Wahrheitssuche und nicht Wahrheitsbesitz. Die in der Wissenschaftsforschung zunehmend beliebte Rede von „Wissensproduktion" und „Wissenserzeugung" ist insofern nicht ohne Tücken. „Produktion" suggeriert einen hohen Grad an Kontrolle über das produzierte Ergebnis, und wenn in der Wissenschaft das Ergebnis eine wahre Überzeugung sein soll, ist klar, dass es gerade in den am weitesten fortgeschrittenen Bereichen der Wissenschaft diese Art von Kontrolle nicht geben kann.

(IV) Die Autorität der Wissenschaft kann sich statt auf Irrtumsfreiheit und den Besitz der Wahrheit allein auf die Art und Weise stützen, in der sie mit der Fehlbarkeit unseres Erkenntnisvermögens und der Offenheit von Erkenntnisprozessen umgeht. Es gibt auch ohne Berufung auf absolute Gewissheiten erkennbare Unterschiede zwischen gut begründeten und weniger gut begründeten Einsichten und ebenso zwischen Voraussagen, die eintreffen, und solchen, die nicht eintreffen. Es sind die Methoden wissenschaftlichen Begründens und Widerlegens, der Konsistenz- und der Evidenzprüfung, durch die sich Wissenschaft vor anderen Formen der Erkenntnisgewinnung auszeichnet und die ihr eine besondere Autorität und Wirkmächtigkeit verleihen.

(V) Die Verantwortung dafür, das unter den Punkten II bis IV skizzierte Bild einer breiten Öffentlichkeit und der Politik angemessen zu vermitteln, liegt bei der Wissenschaft selbst. Sie muss sich sowohl eigenständig als auch mit Hilfe der Medien um einen erfolgreichen Wissenstransfer bemühen. Zugleich muss sie jederzeit die Grenzen und Bedingungen des Wissenserwerbs kommunizieren und sich gesellschaftlicher, politischer und journalistischer Kritik stellen.

(VI) Wissenschaft ist keine Angelegenheit isolierter, nach Erkenntnis strebender Individuen, sondern eine auf komplexen Regeln beruhende Form sozialer Kooperation. Als eine soziale Praxis setzt sie die Kohärenz, intersubjektive Mitteilbarkeit und Nachprüfbarkeit ihrer Inhalte ebenso voraus wie die Auseinandersetzung mit tradierten oder vorherrschenden Lehrmeinungen und alternativen Auffassungen. Dazu gehören auch institutionalisierte Formen der öffentlichen Rechtfertigung und Kritik von Erkenntnisansprüchen. Im Sinne eines ernsthaften und planmäßigen Erkenntnisstrebens müssen Wissenschaftler angeben können, welche Erkenntnisziele sie verfolgen, auf welche Erkenntnisquellen sie sich stützen und durch welche Methoden sie sich der Wahrheit ihrer Erkenntnisse vergewissern.

(VII) Die Punkte IV und VI bieten Ansätze zur Erklärung der Autorität der Wissenschaft und ihrer praktischen Überlegenheit gegenüber anderen sozialen Praktiken. Zusammen genommen laufen sie auf ein weites Wissenschaftsverständnis hinaus, das Wissenschaft nicht länger auf die *Sciences* im Sinne der mathematisch-naturwissenschaftlichen Disziplinen einschränkt. Eingeschlossen sind ebenfalls die Kultur- und Sozialwissenschaften und die Moralphilosophie, denn auch sie sind für kohärente Theoriebildungen und Verfahren der Überprüfung und Revision von Erkenntnisansprüchen offen (siehe die Beiträge von Vöneky und von Hinsch und Meyer in diesem Band).

(VIII) Eine angemessene Bestimmung des Verhältnisses von Wissenschaft und Demokratie setzt eine klare Unterscheidung – und womöglich auch institutionelle Abtrennung – zwischen wissenschaftlich begründeten Erkenntnissen auf der einen Seite und demokratisch legitimierten politischen Entscheidungen auf der anderen Seite voraus. Diese Unterscheidung ist vordringlich im Bereich der wissenschaftlichen Politikberatung von einiger Relevanz. Sie erlangt aber bereits im Vorfeld wissenschaftlicher Beratung Bedeutung, wenn es darum geht, neue Formen der wissenschaftlich-politischen Bewältigung der Herausforderungen etwa des Klimawandels oder des Artensterbens zu entwickeln oder den spezifischen Beitrag der Wissenschaft zu ihrer Bewältigung nach außen zu kommunizieren.

(IX) Obwohl die Unterscheidung zwischen der Rolle der Wissenschaft und der Rolle politischer Entscheidungsträger geradlinig und vergleichsweise leicht nachzuvollziehen ist, ist sie in der Praxis mit komplexen Anforderungen verbunden. Diese ergeben sich daraus, dass es erstens auch in der Wissenschaft zu begründeten Meinungsverschiedenheiten kommt, die ihrerseits nicht durch *Abstimmung* aufgelöst werden können, und dass sich zweitens die politische Frage, über welche verbindlichen Regelungen unter welchen Voraussetzungen und zu welchem Zeitpunkt entschieden werden sollte, in vielen Fällen nicht beantworten lässt, ohne auf wiederum kontroverse wissenschaftliche Ergebnisse zurückzugreifen.

Die institutionelle Arbeitsteilung von Wissenschaft und Politik in einer Demokratie lässt sich deshalb nicht in ähnlich gut überschaubarer Weise organisieren wie der Zusammenbau eines Fahrrads: die eine Seite produziert die Laufräder, die andere setzt sie in den Rahmen ein. Was die daraus resultierenden Probleme angeht, besteht nach wie vor ein erheblicher Klärungsbedarf. In Übereinstimmung mit der obigen Unterscheidung verschiedener Ansatzpunkte für die Sicherung eines begründeten Vertrauens in die Wissenschaft gliedert sich der vorliegende Band in drei Teile. Der erste Teil, *Vertrauen & Politik*, widmet sich der Vertrauenswürdigkeit und dem Selbstverständnis der Wissenschaft sowie dem Beitrag, den diese über die wissenschaftliche Politikberatung zur politischen Entscheidungsfindung zu leisten vermag.

Jürgen Zöllner geht der Frage nach, welche Maßnahmen erforderlich sind, um einem Verlust des Vertrauens in die Wissenschaft entgegenzuwirken und deren Vertrauenswürdigkeit öffentlich zu stärken. Auf Seiten der Wissenschaft sieht er die entscheidenden Schritte in einer Verstärkung der wissenschaftlichen Qualitätssicherung, einer besseren öffentlichen Vermittlung der Bedingungen und damit auch der Grenzen wissenschaftlichen Erkenntnisgewinns sowie im Bemühen um eine verständliche Wissenschaftssprache. Auf Seiten der Politik sei es notwendig, stärker als bisher wissenschaftlich-methodische Kompetenzen in Entscheidungsprozessen institutionell zu verankern und eine Instrumentalisierung der Wissenschaft zu vermeiden.

Die These von *Krista Sager* und *Gert G. Wagner* lautet, dass die Kritik an der Wissenschaft in verschiedenen Kontexten keineswegs einen generellen Vertrauensverlust gegenüber der Wissenschaft anzeige. Im Gegenteil sei sie Zeichen einer gewachsenen politischen Bedeutung der Wissenschaften. Dies zeige sich darin, wie oft in Auseinandersetzungen und politischen Entscheidungsprozessen in der einen oder anderen Weise auf wissenschaftliche Expertise zurückgegriffen werde. Damit seien erhöhte Erwartungen an die Wissenschaft verbunden. Auch werde die Wissenschaft dadurch unvermeidlich in politische Kontroversen hineingezogen. Vor diesem Hintergrund müsse sie sich, so Sager und Wagner, konsequenter als bisher ihrer Rolle in politischen Entscheidungsprozessen stellen, auch müssten klare Leitlinien für die Wissenschaftskommunikation und den Wissenstransfer entwickelt werden. Die Politik sehen sie in der Pflicht, stärker als bisher den durch politische Interessenlagen bedingten Missbrauch wissenschaftlicher Expertise mit Hilfe institutioneller Maßnahmen zu erschweren.

Ausgehend von einem weiten Wissenschaftsbegriff, der ausdrücklich die Ethik und Moralphilosophie einschließt, widmet sich auch *Silja Vönekys* Beitrag mit einigen grundlegenden Ausführungen dem Feld der wissenschaftlichen Politikberatung. Je nach Adressat (Exekutive, Legislative, Parteien, NGOs, Öffentlichkeit) werden verschiedenen Typen der Beratung unterschieden sowie zum Teil inhaltliche und zum Teil institutionelle Anforderungen an gute wissenschaftliche Politikberatung formuliert. Dazu gehört die Offenheit der Beratungsdiskurse ebenso wie die finanzielle und institutionelle Unabhängigkeit der Beratenden und die Vermeidung von „Ämterhäufungen" im Kreis der beratenden Wissenschaftler und Wissenschaftlerinnen.

Der zweite Teil des Buches widmet sich dem Themenfeld *Kommunikation*. In „Wissenschaftsjournalismus zwischen Utopie und Netzpessimismus" diskutiert *Nicola Kuhrt* die Widrigkeiten, denen sich ein kritischer Wissenschaftsjournalismus heute gegenübersieht. Sie beschreibt, wie sich das Bild des Wissenschaftsjournalismus über die Jahre gewandelt hat, und konstatiert, dass der Journalist seine Rolle als *Gatekeeper* durch das Internet und *Social Media* mehr und mehr verliere. Kuhrt weist die Vorstellung einer ‚redaktionellen Gesellschaft' (Pörksen), in der die Bürger ohne einen journalistischen Türwächter auskommen, weil sie selbst Informationen von Pseudoinformationen unterscheiden, als unrealistische

Utopie zurück. Stattdessen plädiert sie für die Rettung des „klassischen Wissenschaftsjournalismus" und diskutiert als praktische Vorschläge die Bildung journalistischer *Indie-Startups*, die Gründung einer Stiftung für Wissenschaftsjournalismus und die Einrichtung unabhängiger Redaktionsbüros nach dem Vorbild des Science Media Center.

Daniel Eggers verbindet in „Kontrolle ist besser" sein Votum für einen kritischen Journalismus, der eine Kontrollfunktion gegenüber der Wissenschaft wahrnehme, mit Vorschlägen für eine Neuakzentuierung der Journalistenausbildung. Die Vermittlung rein fachwissenschaftlicher Kompetenzen genüge für einen kritischen Wissenschaftsjournalismus nicht. Zukünftige Wissenschaftsjournalisten müssten gezielt Kompetenzen in den Bereichen der Methodenreflexion und allgemeinen Wissenschaftstheorie erwerben und in die Lage versetzt werden, die ethischen, politischen und ökonomischen Aspekte institutionell organisierter wissenschaftlicher Unternehmungen und Erkenntnisprozesse zu beurteilen. Im Anschluss entwickelt Eggers die These, dass es analog zur Beobachtung des Wissenschaftssystems durch einen kritischen Journalismus auch einer Korrekturfunktion für die Medien durch eine wissenschaftliche Medienkritik und Medienethik bedürfe. Medienethik sei dabei allzu oft Medienapologetik und biete zu selten eine Basis für explizite moralische Bewertungen und konkrete Handlungsorientierung.

Annette Leßmöllmann konstatiert in ihrem Beitrag einen Wandel im Rollenverständnis der Hochschulkommunikation. Sie versteht diese im Sinne der Organisationskommunikation und grenzt sie vom bloßen Hochschul-Marketing ab: Hochschulkommunikation ist nicht nur die Außenkommunikation von Hochschulen, sondern auch die interne Kommunikation innerhalb von Hochschulen. Für Leßmöllmann ist gute Hochschulkommunikation dem Gemeinwohl verpflichtet. Um diesen Anspruch gerecht zu werden, darf sie keine Zielgruppen ausgrenzen und strategische Erwägungen des Hochschul-Marketings nicht über die akkurate und kritische Darstellung von Forschungs- und Wissensständen stellen. Dies könne jedoch nur gelingen, wenn die Kommunikationsabteilungen von Hochschulen die Gesamtorganisation „Hochschule" mit deren innerer Vielfalt und Vielstimmigkeit hinter sich haben und nicht lediglich auf die institutionellen Interessen der Hochschule festgelegt werden.

Der dritte Teil des Buches widmet sich *Orten offener Wissenschaft* und damit der Beziehung von Wissenschaft und breiter Bevölkerung. Nach einer Auseinandersetzung mit dem Konzept eines *Public Understanding of Science* aus den 1980er Jahren plädieren *Wilfried Hinsch* und *Lukas H. Meyer* und *Maike Weißpflug* und *Johannes Vogel* in ihren Beiträgen mit jeweils anderen Akzenten dafür, den Versuch einer klaren Abgrenzung von Wissenschaft und Öffentlichkeit aufzugeben und stattdessen neue Formen des Zusammenspiels der beiden Bereiche in

Universitäten und Museen zu erkunden. Beide Autorenduos verbinden dabei eine konzeptuelle Neuorientierung mit konkreten Vorschlägen für deren institutionelle Umsetzung.

Hinsch und Meyer sehen Universitätsforen als Orte einer multidisziplinären inner-akademischen Öffentlichkeit. Sie wollen Universitäten die Aufgabe eines *Clearing Houses* für die Auseinandersetzung mit gesellschaftlichen Herausforderungen übertragen, wobei die spezifisch inner-universitäre Öffentlichkeit nicht nur Studierende einschließt, sondern um Vertreter anderer gesellschaftlicher Bereiche erweitert wird. Universitäten sollen so zu einer wissenschaftlich informierten und moralisch-politisch aufgeklärten demokratischen Willensbildung beitragen und populistischen Tendenzen in der allgemeinen Öffentlichkeit entgegenwirken.

Weißpflug und Vogel betrachten Museen als Debattenorte, die im Sinne ihres Verständnisses von Offener Wissenschaft bislang ungenutzte Möglichkeiten der Bürgerbeteiligung an wissenschaftlichen Erkenntnisprozessen bieten. Die lange Zeit prägende Modellvorstellung der wissenschaftlichen Welt als einer vom Rest der Welt separierten „Gelehrtenrepublik" soll durch ein Modell der Koproduktion von Erkenntnissen durch Wissenschaftlerinnen und Wissenschaftler auf der einen und Bürgerinnen und Bürgern auf der anderen Seite ersetzt werden. Sie sehen darin Chancen eines Gewinns nicht nur für die Wissenschaft, sondern auch für eine Verbesserung des öffentlichen Verständnisses für die Vorgehensweisen und Eigenarten wissenschaftlicher Erkenntnisprozesse.

Dieser Sammelband ist mit der ideellen und praktischen Unterstützung von Personen zustande gekommen, die nicht als Autorinnen und Autoren tätig waren. Genannt seien die weiteren Teilnehmer am Workshop in Essen und die Mitarbeiter der Rektorate in Duisburg-Essen und Köln. Unser Dank gilt auch Wolfgang Rohe von der Stiftung Mercator und Frank Suder von der Fritz Thyssen Stiftung, die nicht nur als Geschäftsführer ihrer Stiftungen involviert waren, sondern auch als wertvolle Ideengeber und Diskussionspartner. Jürgen Zöllner war so freundlich, das „Redaktionstreffen" der an diesem Band Beteiligten in Berlin im Juni 2019 in den Räumen der Stiftung Charité zu ermöglichen. Ganz besonderen Dank jedoch schulden die Herausgeber Franziska Lutz, die in Köln die gesamte Unternehmung organisatorisch betreut hat und bis zur Fertigstellung des Manuskripts unfehlbar und engagiert dabei war.

Politik & Vertrauen

E. Jürgen Zöllner
Die Verantwortung der Wissenschaft

Wissen war in der gesamten Menschheitsgeschichte von zentraler Bedeutung. Heute aber leben wir nicht mehr nur in einer Wissensgesellschaft, sondern in einer Wissenschaftsgesellschaft. Wissenschaftliche Erkenntnis hat für die Gesellschaft einen besonderen Wert, weil es systematisch nach bestimmten Regeln generiert wird. Stichworte dafür sind: Hermeneutik, Reproduzierbarkeit, Falsifikation, Tatsachentreue.

Wissenschaftliches Wissen durchdringt alle Lebensbereiche, persönliche, berufliche und gesellschaftliche. Wissenschaft liefert auch einen entscheidenden Baustein dafür, Politik und Gesellschaft zukunftsfähig zu machen: Die Politik stützt sich in ihrem Handeln glücklicherweise immer mehr auf wissenschaftliche Erkenntnisse.

Zunehmend werden aber heute Fakten infrage gestellt, gerade auch solche, die auf wissenschaftlicher Erkenntnis beruhen. Dieser gefährliche Trend reicht vom Alltag bis in die große Politik. Kinder werden seltener geimpft, *Fake News* erlangen weite Verbreitung, und der mächtigste Politiker der Welt, der amerikanische Präsident, leugnet gesicherte wissenschaftliche Erkenntnisse, z. B. über den Klimawandel, und macht dies zur Grundlage seiner Politik. Wie konnte das geschehen? Was ist die Ursache? Hat die Wissenschaft an Glaubwürdigkeit eingebüßt? Und wenn ja, ist ihr Verlust selbstverschuldet?

Ob es tatsächlich einen solchen Glaubwürdigkeits- oder Vertrauensverlust gibt, ist umstritten (siehe auch den Beitrag von Krista Sager und Gert G. Wagner in diesem Band, S. 21–34). Unabhängig davon, ob er nachweisbar ist und ob die oben beschriebene öffentliche Infragestellung wissenschaftlicher Erkenntnisse auf ihn zurückzuführen ist: Es gibt durchaus gute Gründe, der Wissenschaft nicht vorbehaltlos zu vertrauen. Viele Aspekte sind hier wirkmächtig, und nur am Rande sei erwähnt, dass die Wahrnehmung der Wissenschaft auch dadurch beeinflusst wird, wie Medien wissenschaftliche Ergebnisse vermitteln und wie die Bevölkerung sie rezipiert. Wesentliche Probleme sind primär von der Wissenschaft selbst zu verantworten, andere von der Politik. Im Folgenden werde ich mich beiden Aspekten widmen. Frühere Überlegungen zu den „Eigentoren" der Wissenschaft fließen dabei ein.[1]

---

[1] E. Jürgen Zöllner, „Eigentore I: Plagiate oder …?", in Günther Blamberger et al. (Hg.), *Vom Umgang mit Fakten: Antworten aus Natur-, Sozial- und Geisteswissenschaften*, Paderborn 2018, S. 111–120.

OpenAccess. © 2020 E. Jürgen Zöllner, publiziert von De Gruyter. Dieses Werk ist lizenziert unter der Creative Commons Attribution-NonCommercial-NoDerivatives 4.0.
https://doi.org/10.1515/9783110614244-003

1 Mangelnde Qualitätssicherung führt zu einem Verlust des Vertrauens der Bevölkerung in die Wissenschaft – und dies zeitigt auch Rückwirkungen auf die Politik

Wissenschaft produziert nicht nur schlechte, sondern sogar falsche Ergebnisse, auch nach ihren eigenen Maßstäben, und dies leider in einem beträchtlichen Ausmaß. Beispielhaft sei hier eine Umfrage[2] unter Wissenschaftlern[3] der Lebenswissenschaften angeführt. 2% gaben zu, selbst zu fälschen. Ein Drittel gab an, bei ihren Veröffentlichungen „Tricks" zu verwenden, und unterstellte zudem, dass zwei Drittel ihrer Kollegen „schummeln", das heißt, Ergebnisse schönen oder – nennen wir es beim Namen – betrügen. Nicht zuletzt in den Lebenswissenschaften hat „schlechte Wissenschaft" eine für jeden augenfällige ethische Dimension: Sie gefährdet Patienten, sie führt zu unnötigem Leid und Tod in Tierexperimenten. Ein gutes Beispiel ist die aktuelle Diskussion über die Entwicklung einer „Booster–Impfung" gegen Tuberkulose.[4] Fast 2800 Säuglinge nahmen in einer klinischen Studie an einer solchen Auffrischimpfung mit einem neuen Impfstoff teil, obwohl man aus Tierversuchen hätte wissen können, dass diese nicht den gewünschten Erfolg hat.

Wenngleich nicht alle Bürger die Details rezipieren, hinterlassen solche Tatsachen Spuren, es entsteht eine Stimmung. Das geflügelte Wort „Ich glaube nur der Statistik, die ich selbst gefälscht habe", das Winston Churchill zugeschrieben wird, aber wohl auf Goebbels zurückzuführen ist, ist im Bewusstsein der Bevölkerung durchaus präsent. Es nährt den Zweifel an Erkenntnissen, die durch Statistik gewonnen wurden, und fördert damit insgesamt einen Vertrauensverlust.

Die Wissenschaft ist also dringend aufgerufen, systematisch, konsequent und nachhaltig an ihrem Ruf zu arbeiten. Dazu sollte sie nicht ihr Marketing, sondern ihre Strukturen der Qualitätssicherung auf den Prüfstand stellen und auf die Höhe der technischen und gesellschaftlichen Entwicklung bringen. Geld ist hier kein Argument: Die heutigen technischen Möglichkeiten marginalisieren die Kosten vieler Qualitätssicherungsmaßnahmen. Die Kostenersparnis, die für die Wissenschaft und die gesamte Gesellschaft schon mit Hilfe weniger Standards erreicht

---

2 Cornelius Frömmel, „Bitte nur die ganze Wahrheit!", *Die Zeit*, 2014, Abs. 6, https://www.zeit.de/2014/31/betrug-wissenschaft-daten-manipulation, besucht am 26.06.2019.

3 Im Interesse einer guten Lesbarkeit habe ich auf Ausdifferenzierung der Sprache auf die vielen real existierenden Geschlechter (m/w/d) verzichtet. Ich freue mich über Vielfalt, die in meinem Text stets gemeint ist, wenn ich das grammatikalische Geschlecht verwende. Wer das fälschlicherweise auf das männliche Geschlecht reduziert, verantwortet das selbst.

4 Deborah Cohen, „Oxford TB Vaccine Study Calls into Question Selective Use of Animal Data", in BMJ, 360, 2018, http://www.bmj.com/content/360/bmj.j5845, besucht am 14. Januar 2018.

werden könnte, ist hingegen enorm: Unzuverlässige und falsche Ergebnisse richten einen beträchtlichen wirtschaftlichen Schaden an, der allein in den Vereinigten Staaten auf 28 Mrd. Dollar pro Jahr geschätzt wird.[5]

Schon mit vergleichsweise einfachen Maßnahmen können erhebliche Fortschritte in der Qualitätssicherung erzielt werden, etwa durch eine verpflichtende gründliche Schulung des wissenschaftlichen Nachwuchses in korrektem wissenschaftlichen Arbeiten, die Pflicht zu fälschungssicheren Laborbüchern oder die Pflicht zur Offenlegung der Originaldaten nach einer Veröffentlichung. „Schummeln" würde einfach schwieriger. Würde sich die Deutsche Forschungsgemeinschaft außerdem dazu aufraffen, wenigstens 1% ihres Etats (das wären 100 bis 150 Mio. Euro) zur Überprüfung derjenigen Forschung auszugeben, die sie selbst (aus Steuergeldern) finanziert, wäre das eine wirksame Abschreckung für unverantwortliche Wissenschaftler, die ihrem Erfolg „etwas nachhelfen". Den vielen seriös und verantwortungsvoll arbeitenden Wissenschaftlern würde man zudem einen wichtigen Dienst erweisen.

Ein Segen für die Steuerzahler wie für alle Wissenschaftler wäre auch die Verpflichtung zur Veröffentlichung negativer Untersuchungsergebnisse. Hier gibt es viel wertvolles Wissen (Wissen, dass etwas *nicht* zutrifft), das allgemein nicht verfügbar ist. Dies ist die fatale Folge der wissenschaftlich eigentlich widersinnigen Auffassung, nur positive Ergebnisse seien ein Erfolg. Hier würden viel Zeit und Geld frei, die jetzt noch in Untersuchungen fließen, deren Erfolglosigkeit schon bekannt sein könnte. Das gilt insbesondere für klinische Studien. Eine zusätzliche Folge davon ist, dass die Aussagekraft von Metastudien leidet, da die negativen Ergebnisse nicht berücksichtigt werden können.

Welche Lähmung oder welche Hybris hat unser Land ergriffen, dass das alles – und vieles andere – nicht längst getan wird? Wird erst gehandelt, wenn 90% der Bevölkerung wieder glauben, die Erde sei eine Scheibe – und wer handelt dann noch? Natürlich muss man bei solchen Vorschlägen sofort mit dem Totschlagargument rechnen, auf diese Weise seien ja nicht *alle*, sondern nur ein Teil der Qualitätsprobleme lösbar. Das ist richtig, aber: Sollte uns das davon abhalten, das zu tun, was leicht und kostengünstig möglich ist, wenn wir doch schon erkannt haben, dass es um nichts weniger als die Zukunft unserer Gesellschaft geht?

Ein Bündel solcher Maßnahmen zur Qualitätssicherung *ex post* müssen mit Sicherheit über die gegenwärtige Praxis hinaus eingeführt werden, Qualität vorwiegend *ex ante* über die Auswahl von Personen zu realisieren, vielfach leider immer noch unter Zuhilfenahme von fragwürdigen Qualitätsindikatoren wie dem

---

5 Leonard P. Freedman et al., „The Economics of Reproducibility in Preclinical Research", *PLoS Biology*, 16, 2015, S. 1–9.

Impact-Faktor oder dem Hirsch-Index. Beide sagen wenig über die einzelne Person aus und lassen sich leicht manipulieren.

II Die Wissenschaft informiert nicht ausreichend über die Grenzen und Bedingungen ihres Erkenntnisgewinns

Wer die eine einfache Wahrheit von der Wissenschaft erwartet, kann nur enttäuscht werden. Wer als Wissenschaftler den Anschein erweckt, eine solche liefern zu können, kann andere nur enttäuschen und muss auf lange Sicht Vertrauen verlieren.

Die Unkenntnis über die Möglichkeiten *und* Grenzen der Wissenschaft abzubauen, den Unterschied von bedingter Erkenntnis und ewig währender Wahrheit zu erhellen, ist eine mühevolle Aufgabe, erst recht in einer Zeit, in der viele Menschen sich nach Komplexitätsreduktion sehnen, um sich orientieren, verorten, beheimaten zu können. Der Mühe müssen sich alle Seiten stellen, auch diejenigen, die Wissenschaft rezipieren.

Den falschen Erwartungen in beide Richtungen kann nur begegnet werden, wenn sich die Wissenschaft der Herausforderung stellt: Die Vermittlung wissenschaftlicher Erkenntnisse muss immer auch Vermittlung ihrer Grenzen sein; jede Erkenntnis ist stets beschränkt durch die subjektive Fragestellung und die angewandte Methode.

Eine Studie über Einkommensunterschiede in Deutschland im Auftrag der Böckler Stiftung[6] liefert ein anschauliches Beispiel für das folgenschwere Missverständnis, das entstehen kann, wenn die konkrete wissenschaftliche Fragestellung nicht sorgfältig genug gewählt ist. Die beachtlichen Einkommensunterschiede, z.B. zwischen München und ostdeutschen Großstädten, die in allen Medien tagelang Schlagzeilen produzierten, suggerieren ein Maß von Ungleichheit in den Lebensverhältnissen, das mit der Realität nichts zu tun hat. Gegenübergestellt wurden allein die Einkommen, und diese zeigen eine Schere zwischen Ost- und Westdeutschland. Was jedoch nicht in die Bewertung einbezogen wird, sind die Lebenshaltungskosten. Allein wenn man die regional ausgesprochen unterschiedlichen Ausgaben für Mieten, Kita- und Hortgebühren oder Kostensätze für Pflege in die Vergleiche einbezöge, ergäbe sich ein anderes, mancherorts sogar umgekehrtes Bild.

---

6 Siehe „Ungleiche Lebensverhältnisse", *Böckler Impuls*, 2019, https://www.boeckler.de/120088_120095.htm, besucht am 26.06.2019.

Wohltuend, wenn dann doch nicht alle den einfachen Weg wählen und z. B. der Berliner Tagesspiegel am 24. April 2019 die Studie differenzierter interpretiert und erwähnt, „dass man für das, was man sich in Brandenburg mit einem Jahreseinkommen von 38.000 Euro leisten kann, in München 57.000 Euro benötigt"[7]. Die Fragestellung der Studie bezog sich auf die regionalen Einkommensunterschiede. Ohne Zuhilfenahme weiterer Daten kann man auf ihrer Grundlage keine Aussage darüber treffen, in welcher Region man sich mehr und in welcher weniger leisten kann, welche Region also „arm" oder „reich" ist. Dennoch sind solche Aussagen einer breiten Öffentlichkeit präsentiert worden, in unserem aufgeklärten gebildeten Land. Dass sich potenzielle Wähler radikaler Parteien durch die Studie und ihre verkürzte Vermittlung vermutlich bestätigt fühlen, haben Auftraggeberin und Wissenschaftler sicher nicht beabsichtigt.

Wenn die Grenzen wissenschaftlicher Ergebnisse mitkommuniziert werden, stellen sich andere Fragen: Wer ist verantwortlich für etwaige Fehlinterpretationen? Wissenschaftler, die nicht durchgedrungen sind? Politiker, weil sie vor allem sehen, was in den *Mainstream* passt, und nicht gescholten werden wollen? Vielleicht auch wir alle, weil wir bequemer geworden sind, weil die Klischees bei uns so schnell einrasten und unabhängige Meinungen zu haben, Mühe macht oder Gegenwind erzeugt?

Zurück zur Wissenschaft: Neben den Grenzen, die durch die Subjektivität der Fragestellung und durch die Auswahl der zum Erkenntnisgewinn angewandten Methode gegeben sind, müssen Wissenschaftler deutlich machen, dass sie keine endgültigen Wahrheiten vermitteln können. Denn es ist in der DNA der Wissenschaft verankert, ihre eigenen Erkenntnisse in Frage zu stellen und nötigenfalls zu revidieren.

Was die einen als Schwäche der Wissenschaft empfinden, was sie verunsichert und zu Distanz veranlasst, ist ihre entscheidende Stärke: Dass sie das heutige, durch sie generierte Wissen als vorläufig betrachtet und es immer weiter hinterfragt. Sogar angeblich sichere und endgültige Erkenntnisse werden revidiert oder qualifiziert. Wir alle haben schon in der Schule gelernt, dass es eine absolute Grenze des Auflösungsvermögens von Lichtmikroskopen gibt. Stefan Hell (Nobelpreis für Chemie 2014 zusammen mit Eric Betzig und William E. Moerner) hat diese Grenze jedoch 1999 durchbrochen.

Wissenschaft führt uns mitnichten zur endgültigen Wahrheit, also zum Verständnis dessen, was und wie etwas wirklich in seiner Gesamtheit ist. Sie wird uns

---

[7] Ariane Bemmer, „Ostdeutschland ist nicht so arm wie es scheint", *Der Tagesspiegel*, 2019, Abs. 4, https://www.tagesspiegel.de/politik/geld-ist-nicht-alles-ostdeutschland-ist-nicht-so-arm-wie-es-scheint/24253948.html, besucht am 26.06.2019.

in dieser wunderbar komplexen Welt aus Ursache-Wirkungs-Beziehungen immer nur einen Ausschnitt des wahren Seins zugänglich machen können. Nicht nur ist wissenschaftliches Wissen stets vorläufiges Wissen; die Wissenschaft hat auch undurchdringliche Mauern für sich selbst erkannt und meint, Dinge identifiziert zu haben, die wir nie wissen werden: die Unbestimmtheit (Heisenberg-Relation in der Quantenphysik), die Unentscheidbarkeit (Gödel-Theorem in der Mathematik), die Unvorhersagbarkeit (Feigenbaum-Szenarium der Chaostheorie) und die Ungenauigkeit (Zadeh-Theorem der *Fuzzy Logic*).

Aber selbst dies muss als vorläufiges Wissen gelten. Wissenschaftliche Erkenntnis ist auch an den aktuellen Grenzen immer ein kontinuierlicher Prozess von vorläufigem Wissen über ein Mehrwissen zu einem neuen vorläufigem Erkenntnisstand. Der Wissenschaft steht neben allem berechtigten Stolz daher auch eine Unterströmung von Demut gut zu Gesicht.

Die Vorläufigkeit wissenschaftlich generierten Wissens hat aber auch eine politische und gesellschaftspolitische Implikation. Es erfordert Mut, sie auszuhalten – von der Politik und den Bürgern. Totale Sicherheit gibt es nicht: Nach dem Spiel ist vor dem Spiel, eine nächste, vielleicht eine bessere, tiefere oder gar ganz neue und vielleicht widersprechende Erkenntnis kommt bestimmt. Das Wissen um die Vorläufigkeit darf die Politik aber nicht dazu verführen, nicht mehr auf Basis bislang gesicherter Erkenntnisse zu handeln, sondern abzuwarten, weil ja immer noch etwas kommen könnte, das unsere bisher als sicher geltenden Einsichten umwirft. Zugleich aber darf und muss der methodische Zweifel um der Glaubwürdigkeit Willen im Entscheiden und Handeln aufscheinen. Das Handeln sollte ein „Trotzdem-Handeln" sein, bei dem die Politik den Wählern ihre Entscheidungskriterien und Abwägungen, die weit über die wissenschaftliche Erkenntnis hinausreichen, erläutert und vermittelt. Die Vorläufigkeit wissenschaftlicher Erkenntnisse fordert aber auch von uns Bürgern ein zeitgenossenschaftlich mündiges Erwachsensein, in dem nicht kindlich nach schwarz oder weiß, nach ganz oder gar nicht, nach absoluter Sicherheit und ewiger Wahrheit verlangt wird, nach etwas also, das weder Wissenschaft noch Politik noch wir selbst in unseren Lebensbezügen liefern können.

Die gewählte Fragestellung und die Methode begrenzen wissenschaftliche Ergebnisse, sie sind vorläufiges Wissen, und *last but not least* gilt es auszuhalten: Wissenschaftliche Ergebnisse selbst sind wertfrei. Dies ist kein Widerspruch zu der Forderung, dass sich Wissenschaftler an einem Wertegerüst orientieren müssen, insbesondere in der Auswahl ihrer Theorien, Fragestellungen und Methoden. Das Ergebnis dann aber ist weder gut noch schlecht, sondern nur richtig oder falsch. Anders geht es gar nicht: Werturteilsfreiheit ist die Voraussetzung wissenschaftlichen Arbeitens, alles andere wäre ein Trojanisches Pferd. Auch hier sind, im Interesse der eigenen Glaubwürdigkeit Selbsterziehung, Hygiene und, ja, auch Verzicht von Wissenschaftlern gefragt, um nicht im Geschmäckle von parteilichen Gutachten die eigene Reputation zu verspielen.

Natürlich kann mit enger Fragestellung und Methode ein Ergebnis generiert werden, das mit der Realität nichts zu tun hat: Jeder kennt das Beispiel einer einmal festgestellten Korrelation zwischen der Anzahl der Störche und der Anzahl der Geburten in einer Region. Es ist ein schönes Bild, selbst wenn die Originalarbeit nicht auffindbar ist. Es bleibt eine Scheinkausalität, über die selbst hart gesottene Verschwörungstheoretiker lachen können.

Wissenschaft muss aufmerksam darauf achten, einem Missbrauch ihrer Arbeit entgegen zu wirken. Sie liefert Fakten und keine Entscheidungen. Für politische oder wirtschaftliche Entscheidungen ist eine Wertigkeitsskala bestimmend, die der Wissenschaft strukturell fremd ist, es sei denn, dass sie selbst zu ihrem Gegenstand wird. Wissenschaftliche Erkenntnisse sind grundlegend und unverzichtbar für Politik, aber zur politischen Entscheidung werden sie erst im Zuge der wertgebundenen Gewichtung und Abwägung durch Politiker. Die Diskussionen im Spannungsfeld von Ökonomie und Ökologie belegen dies eindrucksvoll. Klimaforscher, Wirtschaftswissenschaftler und Soziologen liefern z. B. unverzichtbare Erkenntnisse zur Zukunft des Braunkohlegebiets in der Lausitz; legitime Entscheider aber wären sie nicht.

III Wissenschaft hat die Pflicht, sich der Gesellschaft in einer verständlichen Sprache zu erklären. Nur so können ihre Erkenntnisse Grundlage politischer Entscheidungen sein

In Deutschland fließen enorme Summen Steuergeld in die Wissenschaft. Das ist richtig und notwendig. Und es könnte in manchen Bereichen, etwa in der Hochschulfinanzierung, auch mehr sein, denn es ist gut angelegtes Steuergeld, das sich in der Zukunft amortisiert. Die Bürger finanzieren also die Wissenschaft, und schon allein deshalb ist die Wissenschaft verpflichtet, sich der Gesellschaft zu erklären, und zwar in einer verständlichen Sprache (zur Verantwortung, die aus der öffentlichen Finanzierung der Wissenschaft erwächst, siehe auch den Beitrag von Daniel Eggers in diesem Band, S. 61–72).

Selbstverständlich betrifft dies das Kommunizieren wissenschaftlicher Erkenntnisse in allgemein verständlicher Form, beim Vortrag und der Veröffentlichung. Der Spruch vom Soziologendeutsch spricht – und füllt – leider Bände. Gerade hier wäre es wichtig, dass alle Bürger, und erst recht Politiker als Entscheider, es verstehen. Wissenschaft muss aber auch Formate entwickeln, die, wie z. B. die „Lange Nacht der Wissenschaft" in Berlin, dem Bürger Wissenschaft erlebbar und manchmal im Wortsinn begreifbar machen und es ihm ermöglichen, Wissenschaft als Teil seiner Lebenswelt zu verstehen.

Es geht aber ausdrücklich auch um die deutsche Sprache. Dies ist kein Plädoyer gegen Englisch als Wissenschaftssprache, sondern eines für Zweisprachigkeit. Wer, wenn nicht die Kultur- und Gesellschaftswissenschaften, sollen heute der Gesellschaft das Orientierungswissen vermitteln, das sie in einer globalisierten Welt mit täglich einschneidenden Veränderungen mehr denn je braucht? Die Wissenschaft wird aber nur dann die breite Bevölkerung und die Politik erreichen und mitnehmen, wenn sie ihr Wissen auch auf Deutsch kommuniziert. Ganz abgesehen von der kulturellen Dimension, dass die deutsche Sprache verarmt, wenn in ihr keine wissenschaftlichen Begriffe mehr herangebildet werden.

IV Der Politik mangelt es an Wissen um die Bedingungen und methodischen Grenzen wissenschaftlicher Erkenntnis

Auch die Politik kann einen Beitrag zum Vertrauen in die Wissenschaft leisten (siehe auch die Überlegungen von Krista Sager und Gert G. Wagner in diesem Band, S. 21–34). Der oben angesprochenen Bringschuld der Wissenschaft entspricht eine entsprechende Holschuld der politischen Akteure. In den mehr als 20 Jahren, die ich an der Schnittstelle zwischen Politik und Wissenschaft gearbeitet habe, habe ich eine oft erschreckende Unkenntnis von Politikern über die Arbeit von Wissenschaftlern und die Bedingungen und Grenzen ihrer Tätigkeit erfahren. Dieser Befund, der in anderen Berufsgruppen nicht wesentlich anders sein dürfte, erstaunt angesichts des Anspruchs, dass unsere Schulen bis zum Abitur die Grundprinzipien wissenschaftlichen Arbeitens vermitteln und immer mehr junge Menschen mit ihren Bachelor- und Masterarbeiten tatsächlich wissenschaftlich gearbeitet haben sollen. Und er wird nicht dadurch besser, dass wir eher zu viele Promotionen, der Nachweis zur Fähigkeit selbstständigen wissenschaftlichen Arbeitens, haben als zu wenige.

Politik muss sich ehrlich machen: Wenn sie notwendige Kompetenzen selbst nicht besitzt, muss sie sicher stellen, dass diese anderweitig vorhanden sind. Wenn sie das versäumt, kommt sie ihrer eigenen Verantwortung nicht nach. Auch hier könnte eine einfache Maßnahme auf der Ebene der politischen Exekutive hilfreich sein: ein persönlicher wissenschaftlicher Berater für den Vorsitzenden des Kabinetts bzw. Senats in Anlehnung an den *Chief Scientific Advisor* in Großbritannien. Dieser ist ausdrücklich nicht für Wissenschaftspolitik zuständig, sondern besitzt ein Rederecht zu Vorlagen aller Ressorts und vermittelt und erläutert, ob die mit wissenschaftlichen Gutachten untermauerten Entscheidungsvorlagen aus wissenschaftsmethodischer Sicht tatsächlich plausibel und angemessen sind. Angesichts der Bedeutung von wissenschaftlicher Erkenntnis für politische Entscheidungen und der Verdichtung und Hast heutiger politischer Entscheidungsprozesse bedarf es zwingend wissenschaftsmethodischer Kompetenz auf dieser Ebene, über die Politiker nur selten verfügen.

V Die Politik darf die Wissenschaft nicht instrumentalisieren

Politik ist Interessenvertretung und Interessenausgleich. Ihre Königsdisziplin ist nicht die brutale Durchsetzung von Einzelinteressen, sondern die hohe Kunst des Kompromisses: einander widersprechende Interessen unter einen Hut zu bringen, ausgewogene Werte-Entscheidungen zu treffen. Diese Kunst ist bedauerlicherweise in Verruf geraten.

Politische Akteure geraten in die Versuchung, ihre Position, die sie in der politischen Auseinandersetzung mit anderen zu Recht vehement vertreten haben, auch ohne Verluste durchsetzen zu wollen. Eine 100%-ige Umsetzung von Vorhaben gilt als Erfolg und wird kurzatmig bepralt. Alles andere gilt als Niederlage und wird in unserer schnell erregten Welt entsprechend vernichtend kommentiert. Der Wert eines guten Kompromisses wird immer mehr verkannt, man zeigt mit dem Finger auf Trump – und „trumpisiert" doch selbst. Dass man heute, wenn von einem Kompromiss in der Politik die Rede ist, nicht an eine große Leistung denkt, sondern damit eher einen „faulen" Kompromiss assoziiert, spricht Bände.

Wo Politik in dieser Weise schwächelt, wird gern die Wissenschaft bemüht. Hat man nicht die Kraft zum Kompromiss, d. h. das Vermögen, auch die Interessen der anderen Seite zu sehen und anzuerkennen, oder fehlt die Überzeugungskraft der eigenen Argumente, erliegt Politik leicht der Versuchung, sich eine wissenschaftliche Stellungnahme zu suchen, um vermeintliche Sachzwänge zu erzeugen. Und es gibt Wissenschaftler, die sich wider besseres Wissen in dieser Weise einbinden lassen. Zurückblickend auf über 20 Jahre als Minister kann ich mich aber nicht erinnern, dass einmal ein Ressort von sich aus zwei Gutachten mit dezidiert unterschiedlichen Positionen vorgelegt und dann begründet hätte, warum es mit Blick auf die zu treffende Entscheidung die Argumente einer Stellungnahme stärker gewichtet als die der anderen. Im Gegenteil, das Wort „alternativlos" ist in der Politik in Mode gekommen. Echte Wissenschaft ist unabhängig und darf sich daran nicht beteiligen.

VI Die Politik schiebt zu oft Verantwortung auf die Wissenschaft ab: Schuster, bleib bei deinem Leisten!

Die soziale, liberale Demokratie ist ohne Zweifel weltweit in unruhigem Wasser. Ursachen gibt es viele. Zu beobachten ist, dass einerseits immer stärker personalisiert wird: Es wird nach starken Persönlichkeiten gerufen, die Charisma und fachliche Kompetenz auf sich vereinen und Menschen, Parteien, Fraktionen führen können. Andererseits ist in der Praxis die gegenläufige Entwicklung unübersehbar. Politiker und Politikerinnen sind immer weniger bereit, persönliche Verantwortung für inhaltliche Positionen zu übernehmen, diese auch dann zu vertreten, wenn es Gegenwind gibt, und um sie zu kämpfen, um die Menschen dafür zu gewinnen, wie das beispielhaft die Akteure der Agenda 2010 vorlebten: das Notwendige, ja auch das Unpopuläre tun für das Land, das bis heute davon profitiert.

Raum gewonnen hat eine Politik des Sich-Versteckens, möglichst noch versehen mit dekorativem politisch korrekten Feigenblattwerk. Immer häufiger beziehen sich gewählte Politiker in ihrer Gesamtverantwortung für das Gemeinwesen auf kurzfristige Meinungsumfragen und delegieren auch dafür ungeeignete Entscheidungen an Verfahren der direkten Demokratie, wohl wissend, dass so eher Partikularinteressen als das Gesamtwohl der Stadt oder des Landes befördert werden. Das hohe Gut der Partizipation, das in der Demokratie seinen wichtigen Platz hat, wird hier missbraucht als Deckmäntelchen für ängstliche Politiker. Dies geschieht mit dem klaren Bewusstsein, dass die Ermunterung zum wiederholten öffentlichen Eintreten für subjektive Interessen eine für alle akzeptable Lösung nur schwieriger macht. Schließlich werden auch die politischen Gegner weniger bereit sein, Abstriche von der für sie optimalen Lösung zu machen.

In diesen Zusammenhang gehört auch die Neigung, Entscheidungen, die eigentlich der Politik obliegen, sogenannten Experten, d.h. sehr häufig Wissenschaftlern, zu übertragen. Diese sollten der eigenen Eitelkeit nicht erliegen und weder die Arbeit noch die Verantwortung der gewählten Politiker übernehmen.

Wissenschaftliche Politikberatung muss sich im Dreieck Politiker–Wissenschaftler–Bürger den eigenen und den gemeinsamen Kernproblemen stellen, um glaubwürdige Wissenschaft zu betreiben und gute Politik für die Bürger und die Zukunft unserer Gesellschaft zu machen. Es gilt für jede dieser Gruppen, vor der eigenen Tür zu kehren. Es gilt, Rollen und Zuständigkeiten zu klären, sie zu leben und in Zusammenarbeit Verantwortung wahrzunehmen. Unvermeidbar wird für alle drei Gruppen sein, sich Grundwissen anzueignen, zuzuhören und sich der kleinen Mühsal der Differenzierung zu unterziehen. Helfen können wie immer Respekt, Wertschätzung, Unaufgeregtheit, Offenheit und Standvermögen.

Krista Sager, Gert G. Wagner
Wissenschaft unter Druck: Vertrauensverlust oder Zeichen gewachsener gesellschaftlicher Relevanz?

In der öffentlichen Debatte mehren sich Stimmen, die nicht nur einen gesellschaftlichen Vertrauensverlust der Wissenschaft konstatieren, sondern die Hauptschuld dafür bei der Wissenschaft selbst ausmachen. Ohne Zweifel kann die Wissenschaft einiges dazu beitragen, in sie gesetztes Vertrauen zu verspielen, und tut dies auch, etwa durch Fälschungs-Skandale. Die Wissenschaft kann entsprechend etliches tun, um Vertrauen zu bestärken und zu rechtfertigen (siehe hierzu den Beitrag von Jürgen Zöllner in diesem Band, S. 11–20).

Unsere These aber ist: Die verstärkte Kritik, welche die Wissenschaft aus Teilen von Politik und Gesellschaft spürt, wird in der Wissenschaft selbst und von kritischen Beobachtern und wohlwollenden Kommentatoren fälschlich als genereller Vertrauensverlust interpretiert. Es wird verkannt, dass die zunehmende Kritik die Folge einer gewachsenen gesellschaftlichen Bedeutung wissenschaftlicher Expertise ist. Diese äußert sich im Kontext politischer Auseinandersetzungen und Entscheidungen auch in direkten Angriffen, und deren Ausmaß ist für die meisten Wissenschaftlerinnen und Wissenschaftler neu. Sie müssen lernen, dass sie weder bedingungslose Unterstützung noch blindes Vertrauen erwarten können, und sie müssen sich darauf einstellen, mit Kritik – auch der unsachlichen Art – offen umzugehen. Wenn in diesem Kontext Wissenschaftlerinnen und Wissenschaftler meinen, Wissenschaft stehe quasi aufgrund ihrer Wissenschaftlichkeit über jeder Kritik, ist dies sicher falsch. Hilfreich wäre hingegen eine professionelle Wissenschaftskommunikation auf Basis einer zu etablierenden *Ethik* der Wissenschaftskommunikation, als Teil der Forschungsethik (zu den verschiedenen Formen der Hochschul- und Wissenschaftskommunikation siehe den Beitrag von Annette Leßmöllmann in diesem Band, S. 73–83).

In den Abschnitten I und II beschreiben wir das Verhältnis der Bürgerinnen und Bürger zur Wissenschaft und die Gründe für deren Bedeutungszuwachs im politischen Raum. In den Abschnitten III und IV skizzieren wir Vorschläge für eine Verbesserung des Verhältnisses von Wissenschaft, Gesellschaft und Politik. Abschnitt V fasst zusammen und gibt einen Ausblick.

I Von einem generellen Vertrauensverlust in die Wissenschaft kann keine Rede sein

In der bevölkerungsrepräsentativen Erhebung „Wissenschaftsbarometer 2018" sagen nur 7% der Befragten, dass sie Wissenschaft und Forschung nicht oder „eher nicht" vertrauen.[1] 54% vertrauen der Wissenschaft, 39% zeigen sich unentschieden. Gegenüber 2017 ist das Misstrauen (12%) sogar signifikant gesunken und das Vertrauen (50%) leicht gestiegen. Unter Berücksichtigung der Unschärfen von Stichprobenerhebungen kann man zumindest von einer stabilen Lage ausgehen.

Dass mehr als ein Drittel der Befragten (2018: 39%) ihre Einschätzung der Wissenschaft als unentschieden bezeichnen, kann u. a. darauf verweisen, dass viele Menschen verschiedene Wissenschaftsgebiete unterschiedlich beurteilen. Wer der Grünen Gentechnik oder der embryonalen Stammzellforschung kritisch gegenüber steht, kann trotzdem hohe positive Erwartungen an die Klimaforschung oder die Forschung zur Elektromobilität haben.

Für ein differenzierendes Verständnis der Leistungsfähigkeit von Wissenschaft spricht auch, dass in der Erhebung von 2018 64% der Befragten Kontroversen zwischen Wissenschaftlern für hilfreich halten, „weil sie dazu beitragen, dass sich die richtigen Forschungsergebnisse durchsetzen", auch wenn 56% der Meinung sind, dass dies die Beurteilung für Bürgerinnen und Bürger erschweren kann.

Die größte Sorge gilt laut Wissenschaftsbarometer dem Einfluss von Geldgebern und Wirtschaft (für 67% war dies der wichtigste Misstrauensgrund, 69% sind der Meinung, die Wirtschaft habe viel oder zu viel Einfluss auf die Wissenschaft). Dass das Vertrauen in die öffentlich finanzierte Wissenschaft aber grundsätzlich intakt ist, zeigt sich auch im Institutionenranking einer repräsentativen Forsa-Umfrage im Auftrag der Mediengruppe RTL: Bei der Vertrauensfrage liegen die Universitäten in einer Gruppe von 26 gesellschaftlichen Institutionen auf Platz 2 (80%) hinter der Polizei (83%) und vor den Ärzten (78%).[2] Bemerkenswert ist auch, dass die Befragten des Wissenschaftsbarometers 2018 zu 52% ein großes oder eher großes Interesse an Wissenschaft und Forschung angaben, mehr als für Sport (41%) und Politik (49%).

Soweit die quantitativ bestimmbare Empirie, die nicht für einen wachsenden Vertrauensverlust in der Bevölkerung gegenüber der Wissenschaft spricht. Dar-

---
1 Wissenschaft im Dialog, *Wissenschaftsbarometer 2018*, 2018, https://www.wissenschaft-im-dialog.de/projekte/wissenschaftsbarometer/wissenschaftsbarometer-2018/, besucht am 19.06.2019.
2 Mediengruppe RTL Deutschland, *RTL/n-tv Trendbarometer. Forsa-Aktuell: Institutionen-Ranking*, 2019, https://www.presseportal.de/pm/72183/4158914, besucht am 28.06.2019.

über hinaus widersprechen ihm auch die gestiegenen gesellschaftlichen Erwartungen an die Wissenschaft, wesentlich zur Lösung gesellschaftlicher und politischer Probleme beizutragen. Die Forschung zu den sogenannten „großen Herausforderungen" wird sowohl auf nationaler als auch auf europäischer Ebene mit erheblichem Mitteleinsatz unterstützt. Ob Klimawandel, demografische Entwicklung, Weltgesundheit, Energieversorgung, Mobilität, Ressourceneffizienz, Ernährung, gewaltsame Konflikte – je größer und komplexer die Aufgaben, desto größer die Hoffnung, Antworten aus der Wissenschaft zu erhalten.

In Übereinstimmung mit dem hohen Vertrauen in die Potenziale der Wissenschaft sind diejenigen Stimmen aus Politik und Gesellschaft, die eine noch stärkere Ausrichtung der Wissenschaft auf Lösungsbeiträge zu gesellschaftlichen Problemen fordern, in den vergangen Jahren eher lauter denn leiser geworden. Was immer man davon halten mag, widerspricht dies offenbar dem Gefühl vieler Wissenschaftlerinnen und Wissenschaftler eines Vertrauensverlustes gegenüber der Wissenschaft. Selbst direkte politische Angriffe z.B. durch den US-Präsidenten Trump – sei es durch herabwürdigende Tweets oder die Kürzung von Forschungsprogrammen – zeigen: Wissenschaft ist selbst ihren Gegnern wichtig, denn sie fürchten ihre Ergebnisse.

Letztlich kann der Wissenschaftsbereich vom Vertrauensverlust anderer gesellschaftlicher Teilbereiche wie der Politik und den Medien sogar profitieren. Gleichzeitig kann die Wissenschaft angesichts der permanenten Vorläufigkeit ihrer Ergebnisse kein blindes Vertrauen erwarten. Vertrauen in die Wissenschaft kann in einer pluralen und kritischen Gesellschaft nur relativ sein. Was Unabhängigkeit und Rationalität sowie Distanz zu Machtinteressen und kommerziellen Motiven angeht, gibt es aber viele Akteure, denen die Bevölkerung und die Öffentlichkeit mehr misstrauen und von denen man weniger erwartet, als von den in der Wissenschaft Tätigen.

II Bedeutungszuwachs der Wissenschaft im Kontext politischer Auseinandersetzungen

Die Politik stützt sich auf der Suche nach Kriterien für ihre Entscheidungen verstärkt auf wissenschaftliche Expertise, denn politische Entscheidungen sind immer Entscheidungen auf unsicherer Grundlage. Hohe Komplexität der Materie verbunden mit hohem Zeitdruck, erheblicher Mitteleinsatz bei Unübersichtlichkeit der Folgen verstärken im Rahmen politischer Vorhaben den Wunsch nach besseren Beurteilungsmöglichkeiten von Handlungsoptionen durch Rat aus der Wissenschaft. Die Hoffnung auf Orientirung, größere Sicherheit und verantwortliche Entlastung lassen die wissenschaftsbasierte Politikberatung boomen.

In Deutschland gibt es mehr Sachverständigenräte und Berichte denn je; und unablässig werden Gutachten zu diversen aktuellen Themen an Forschungseinrichtungen vergeben (für einen Überblick über die verschiedenen Formen wissensbasierter Politikberatung siehe den Beitrag von Silja Vöneky in diesem Band, S. 35–46).

Die Politik wird zu jeder halbwegs relevanten Frage mit Studien, Gutachten und Expertisen unterschiedlichster Provenienz geradezu überflutet. Es ist daher folgerichtig, dass in der Politik die Einholung und die Organisation von Beratungsangeboten eine wichtige Rolle spielen. Ebenso ist nicht überraschend, dass die Politik die Konstruktion der wissenschaftsbasierten Politikberatung auf nationaler, aber auch auf internationaler Ebene selbst in die Hand nimmt, teils durch mit Wissenschaftlerinnen und Wissenschaftlern besetzte Kommissionen, Gremien und Einrichtungen, teils durch die Beauftragung von wissenschaftlichen Gutachten und Berichten. Man denke etwa an die Einrichtung des Weltklimarates IPCC, die Ernennung der Leopoldina zur Nationalakademie, das Büro für Technikfolgenabschätzung beim Deutschen Bundestag, den wissenschaftlichen Dienst des Deutschen Bundestages, diverse Sachverständigengremien der Bundesregierung, wie die Expertenkommission für Forschung und Innovation, den Sachverständigenrat für Umweltfragen und seit mehr als fünf Jahrzehnten die „Wirtschaftsweisen".[3]

Zu Recht fragen Bürgerinnen und Bürger auch zunehmend nach der Herkunft, Seriosität und Belastbarkeit von wissensbasierten Stellungnahmen. Wissenschaftlerinnen und Wissenschaftler sollten diese berechtigten Nachfragen nicht als generelles Misstrauen in die Wissenschaft verstehen, sondern froh sein, dass nicht jede von Verbänden oder Interessengruppen in Auftrag gegebene Stellungnahme für bare Münze genommen wird. Wenn der politische Meinungsstreit zunehmend mit Gutachten und Studien ausgetragen wird, entsteht allerdings schnell der Eindruck, zu jeder politischen Überzeugung finde sich schon eine passende wissenschaftliche Untermauerung. Wenn der Verdacht der Korrumpierbarkeit oder Beliebigkeit aber erst einmal gesät ist, weitet sich die Vertrauenskrise der Politik leicht auf die Wissenschaft aus.

Es geht der Politik – und nicht erst seit Kurzem – nicht nur um die rationale Begründung und Nachvollziehbarkeit von politischen Entscheidungen, sondern ganz wesentlich auch um deren Legitimation durch Verweis auf eine Autorität außerhalb der Politik selbst. Allerdings eignet sich die Berufung auf die Wis-

---

[3] Vgl. Heinrich Tiemann, Gert G. Wagner, *Die wissenschaftliche Politikberatung der Bundesregierung neu organisieren. Working Paper des Rats für Sozial- und Wirtschaftsdaten (RatSWD) Nr. 220*, Berlin 2013.

senschaft – der die kritische Auseinandersetzung selbst inhärent ist – nicht für irgendeine Form von „Basta"-Politik, die Alternativen systematisch ignoriert. Deswegen darf die Wissenschaft sich nicht verführen lassen, so zu tun, als stünde sie über Werturteilen, Interessen und demokratischen Entscheidungsprozessen.

Wissenschaft ist kein Ersatz für die oft mühseligen Aushandlungsprozesse in einer demokratischen Gesellschaft. Sie kann aber ein wichtiger Bezugspunkt sein, um demokratische Meinungsbildung auf rationaler Grundlage zu ermöglichen und zu erleichtern. Und diese Rolle der Wissenschaft wird immer wichtiger: In einer pluralistischen modernen Gesellschaft, die durch ethnische und kulturelle Heterogenität, Individualismus und Segregation gekennzeichnet ist, taugt die Berufung auf Ideologien, Traditionen, Weltanschauungen, religiöse Überzeugungen oder auch wirtschaftliche Interessen immer weniger, um politische Entscheidungen zu legitimieren.[4] Umgekehrt ist die Berufung auf das Gemeinwohl oder einen gemeinsamen gesellschaftlichen Grundwertekanon zu allgemein und zu abstrakt. Sie ersetzt keine expliziten Begründungen. Was ist da geeigneter als der Bezug auf den Stand der Wissenschaft, also einer Instanz, die sich nach eigener Auskunft ausschließlich der Wahrheit und rationalen Erkenntnis verpflichtet sieht – und in der Tat auch eine Kultur der rationalen Wahrheitssuche lebt? Aber bei politischen Entscheidungen geht es nicht nur um Wahrheit, sondern darum, welche Ziele und Interessen auf welche Weise und in welchem Ausmaß realisiert werden können. In einer Demokratie wird darüber nach Mehrheiten entschieden; dies kann nicht durch eine von der Wissenschaft behauptete „Objektivität" ersetzt werden.

Wenn die Erwartungen an die handlungsleitenden Möglichkeiten der Wissenschaft wachsen und ihre Bedeutung für die Legitimation politischer Entscheidungen zunimmt, und wenn nicht nur einzelne Wissenschaftlerinnen und Wissenschaftler, sondern ganze Wissenschaftsorganisationen diesen Bedeutungszuwachs begrüßen und nutzen, ist es nicht verwunderlich, dass Wissenschaftlerinnen und Wissenschaftler in politischen Kontroversen häufig nicht als unabhängige Akteure, sondern als Kombattanten und direkte Gegner betrachtet werden. Man greift nicht allein die Klimapolitik, sondern gleich die Klimawissenschaften als solche an, man arbeitet sich nicht nur an der Gleichstellungspolitik ab, sondern setzt die gesamte Genderforschung auf den Index.

Es ist nicht bloß eine Fußnote der Geschichte, dass die Auseinandersetzung mit politisch unbequemer Wissenschaft zunehmend mit rüden Methoden erfolgt,

---

4 Vgl. Krista Sager, „Vermittlungsprozesse zwischen Wissenschaft und Politik", in *Sprache der Wissenschaft – Sprache der Politikberatung. Vermittlungsprozesse zwischen Wissenschaft und Politik. Dokumentation des Leopoldina-Symposiums im Oktober 2014*, Halle 2014, S. 94–107.

von der Attacke gegen einzelne Wissenschaftlerinnen und Wissenschaftler im Internet, über die Streichung von Mitteln (z. B. durch die Trump-Administration), bis zur Schließung von Einrichtungen (wie in Ungarn). Wissenschaftlerinnen und Wissenschaftler reagieren auf diese Angriffe meist verschreckt, weil sie es nicht gewohnt sind, in den politischen Schlagabtausch einbezogen zu werden. Die Wissenschaft täte aber gut daran, sich ihrer Rolle bewusst zu werden und sich auch auf Veränderungen im politischen Klima einzustellen. Wenn Wissenschaftlerinnen und Wissenschaftler nur auf die Politik schimpfen, nutzt das weder ihnen selbst noch der Wissenschaft und schon gar nicht der Gesellschaft.

Wissenschaftlerinnen und Wissenschaftler müssen sich einmischen und auch unsachliche Kritik aushalten. Denn ganz offenbar geht es bei den derzeitigen populistischen Angriffen auf die Wissenschaft auch darum, ob es gelingt, in demokratischen Gesellschaften eine gemeinsame Verhandlungsgrundlage zu bewahren. Wer die Möglichkeit zur Verständigung auf rationaler Grundlage aufkündigt und zerstört, gefährdet nicht nur die Freiheit der Wissenschaft und die Akzeptanz für den für freie Wissenschaft notwendigen Ressourceneinsatz, sondern auch den Zusammenhalt in einer pluralistischen Gesellschaft. Rechtspopulistische und religiös-fundamentalistische Angriffe auf die Wissenschaft bzw. auf wissenschaftliche Teilbereiche stellen letztlich den Versuch dar, die rationale Basis für eine demokratische Meinungsbildung zu zerschlagen.

Sortieren wir die Argumente: Relevanz impliziert notwendigerweise Kritik. Nur wer irrelevante Statements abgibt, wird nicht kritisiert. Und wer für sich in Anspruch nimmt, absolute Wahrheiten zu verkünden, die umgehend in politisches Handeln umgesetzt werden sollen – wie einzelne Wissenschaftlerinnen und Wissenschaftler dies immer mal wieder in der öffentlichen Debatte reklamieren –, provoziert zu Recht harsche Kritik.

Es wäre für das Wissenschaftssystem hilfreich, nicht jeden Angriff als allgemeinen Vertrauensverlust „der Gesellschaft" zu interpretieren – im politischen Streit um relevante Themen (wie etwa den Klimaschutz) wird nun einmal hart gestritten. Dies sollten Wissenschaftlerinnen und Wissenschaftler mit mehr Gelassenheit und Selbstbewusstsein ertragen. Im Übrigen können sie selbst dazu beitragen, die Erwartungen an die Wissenschaft auf eine rationale Basis zu stellen und eigene Beiträge zum Vertrauensschwund zu reduzieren (vgl. Abschnitt II unten).

Schließlich sei noch einmal gesagt: Politik und Gesellschaft haben ein gemeinsames Interesse, Attacken, die sich auf die Freiheit der Wissenschaft und damit auch auf den notwendigen Raum für wissenschaftliche Kontroversen richten, entgegenzutreten. Auch die Wissenschaft ist hier in der Pflicht, sich zu wehren. Wenn die Begründung politischer Entscheidungen nicht mehr durch möglichst gut dokumentierte und aktuelle Erkenntnisse und auf der Basis von

Fakten geschieht, was könnte dann an deren Stelle treten? Wer möchte in einer Welt leben, in der Politiker dauerhaft damit durchkommen, ihre Handlungen auf Lügen, Irreführungen und *Fake News* zu stützen oder auch auf irrationale Ideologien? Aber es gilt auch: Die Wissenschaft kann sich nicht dadurch wehren, dass sie einen absoluten Wahrheitsanspruch formuliert. Vielmehr muss sie ihre Erkenntnisse differenziert darstellen und darf innerwissenschaftliche Kontroversen und die Vorläufigkeit ihrer Ergebnisse nicht verschweigen. Wissenschaftlerinnen und Wissenschaftler können dabei auch zur Beantwortung ethischer Fragen etwas beitragen und auch moralische Forderungen formulieren (siehe hierzu auch die Überlegungen von Silja Vöneky, Daniel Eggers und von Wilfried Hinsch und Lukas H. Meyer in diesem Band, S. 35 – 46, 61 – 72 und 87 – 103). Sie müssen dies aber auf rationaler Basis tun und auf Werturteile, die einen exklusiven Anspruch auf moralische Richtigkeit erheben, verzichten.

III Was kann Wissenschaft tun, um Vertrauen zu bestärken, was sollte sie tunlichst vermeiden?

Grundvoraussetzung für gesellschaftliches Vertrauen in die Wissenschaft ist, dass überhaupt ein Austausch zwischen Wissenschaft und Gesellschaft stattfindet. Öffentlich finanzierte Wissenschaft sollte generell bereit sein, sich öffentlich zu erklären und einen Dialog mit anderen Stakeholdern zu führen. Schließlich sind die für wissenschaftliche Zwecke zur Verfügung gestellten Mittel – in Deutschland besonders die Aufwüchse für die außeruniversitäre Forschung – beachtlich. Die hohe Akzeptanz für diese Zukunftsinvestitionen unterstreicht das gesellschaftliche Grundvertrauen in die hohe Bedeutung, die der Wissenschaft für die zukünftige Wohlstands- und Wohlfahrtsentwicklung zukommt. Diese Akzeptanz ist aber zugleich eine Verpflichtung für die in der Wissenschaft Tätigen, verständlich darzulegen, was sie eigentlich aus welchem Grund mit ihren Ressourcen betreiben.

Dabei geht es nicht um kurzatmige Nützlichkeitsversprechen, wohl aber um die Begründung von Relevanz, etwa im Prozess wissenschaftlicher Erkenntnisgewinnung. Die Perspektiven anderer gesellschaftlicher Akteure können wiederum fruchtbare Impulse für die Wissenschaft geben. Gleichzeitig bietet sich die Chance, in der Gesellschaft ein besseres Verständnis für die Eigengesetzlichkeiten wissenschaftlichen Arbeitens und dessen Bedingungen zu fördern. Voraussetzung ist, dass der Austausch mit anderen gesellschaftlichen Akteuren nicht als reine Akzeptanz-Kommunikation oder bloße Gelegenheit zur Selbstvermarktung verstanden wird. Die Wissenschaft muss sich systematisch auf Dialoge mit den

Bürgerinnen und Bürgern und der Öffentlichkeit einlassen, und dazu gehört naturgemäß auch der Umgang mit Kritik.

Erfreulicherweise haben sich Wissenschaftlerinnen und Wissenschaftler in den letzten Jahren deutlich stärker gegenüber der Gesellschaft geöffnet. Als Beispiel sei hier die Erweiterung des Transferbegriffs unter Einbeziehung der Zivilgesellschaft genannt, mit seinen vielseitigen Kooperationsformen und Verbindungen (*Third Mission*). *Service Learning* und *Citizen Science*-Projekte gibt es inzwischen fast an jeder größeren Hochschule. Netzwerke für eine nachhaltige Hochschulentwicklung mit über 100 teilnehmenden Einrichtungen dokumentieren die Bereitschaft zu einer Verantwortungsübernahme, die über Forschung und Lehre hinausgeht. Auch die Einbeziehung externer Expertise von Bürgerinnen und Bürgern in den Erkenntnisprozess wird stärker diskutiert, und es gibt mehr und mehr transdisziplinäre Forschungsansätze (siehe hierzu den Beitrag von Maike Weißpflug und Johannes Vogel in diesem Band, S. 105–118). Dies zeigt die zunehmende Einsicht in der Wissenschaft, dass sie keine ewigen Wahrheiten zu verkünden hat, sondern sich auf einen kritischen, und manchmal auch unangenehmen, Dialog mit der Gesellschaft einlassen muss.

Kernpunkt eines Vertrauensvorschusses zugunsten der Wissenschaft ist deren Redlichkeit. Hier scheint es gegensätzliche Tendenzen zu geben. Zum einen gibt es inzwischen eine stärkere öffentliche Resonanz auf wissenschaftliches Fehlverhalten. Dabei sollte nicht übersehen werden, dass das Aufdecken von Plagiaten und Fälschungen im Regelfall durch in der Wissenschaft Tätige selbst geschieht. Das Thema „gute wissenschaftliche Praxis" wird von den großen Wissenschaftsorganisationen seit einigen Jahren verstärkt aufgegriffen und hat durch organisatorische Maßnahmen und die Integration in die akademische Ausbildung auch praktische Bedeutung erlangt.

Dem steht allerdings das oft mangelnde Bewusstsein einer jungen Studierendengeneration etwa für die Problematik von *Copy and Paste* bei wissenschaftlichen Arbeiten entgegen. Ebenso scheinen ein gewaltiger Publikationsdruck und prekäre Beschäftigungsverhältnisse die Gefahr zu erhöhen, es mit der unredlichen „Verschönerung" von Ergebnissen nicht so genau zu nehmen.

Es gibt in den meisten Disziplinen noch keine ausgeprägte Kultur, wissenschaftsöffentlich mit Fehlversuchen und Irrwegen umzugehen, gleichgültig wie hilfreich dies auch für den Erkenntnisgewinn wäre. Probleme entstehen auch, wenn Wissenschaftler schlicht nicht in der Lage sind, Daten angemessen zu interpretieren. Insofern ist zu begrüßen, dass *Data Literacy* inzwischen an vielen Universitäten als Zukunftskompetenz ernster genommen wird.

Man sollte aber denjenigen, die aus politischen Motiven pauschale Fälschungsvorwürfe gegen „die Wissenschaft" erheben, nicht den Gefallen tun, den

Eindruck zu bestärken, überzogene Interpretationen, reine Selbstvermarktung und Betrug seien in der Wissenschaft der Normalfall.

Insbesondere die Art der Beteiligung von Wissenschaftlerinnen und Wissenschaftlern an der Wissenschaftskommunikation und der wissenschaftsbasierten Politikberatung kann erheblich zur Reputationsbeschädigung beitragen. Besonders das „*overselling*" von Ergebnissen scheint für viele eine Versuchung im Wettbewerb um Mittel, Aufmerksamkeit und Ressourcen zu sein. Übertriebene Heils- und Nützlichkeitsversprechen stehen als Marketingstrategie im klaren Widerspruch zu den gesellschaftlichen Aufgaben einer seriösen Wissenschaftskommunikation. Überzogene Interpretationen und Forderungen sollten aus dem Wissenschaftssystem selbst heraus kritisiert werden.

Es ist zu begrüßen, dass die wissenschaftlichen Akademien, insbesondere die Leopoldina und die Berlin-Brandenburger-Akademie, aber z. B. auch die VW-Stiftung und die Organisation Wissenschaft im Dialog sich seit Jahren um die Entwicklung von Leitlinien, Qualitätskriterien und Standards für eine „gute Praxis" der Wissenschaftskommunikation und der wissenschaftsbasierten Politikberatung bemühen[5] und Akteure und Experten aus diesem Bereich immer wieder zur kritischen Reflexion über deren Weiterentwicklung einladen. Hier gibt es trotzdem noch einiges zu tun.

Wissenschaftlerinnen und Wissenschaftler sind frei, sich als Staatsbürgerinnen und Staatsbürger zu artikulieren. Und wenn sie ihre Überzeugungen gut begründen können: umso besser für die politische Debatte. Sie sollten aber sorgfältig unterscheiden zwischen dem, was derzeitiger Stand der Wissenschaft ist, und dem, was sie persönlich für politisch wünschenswert halten. Im Bereich der Wissenschaft sollten Unsicherheiten und Grenzen des jeweiligen Forschungsstandes mitkommuniziert werden. Wissenschaft ist nicht im Besitz der Wahrheit, sondern der prinzipiell unabgeschlossene Versuch der Ermittlung von Wahrheit als „etwas noch nicht ganz Gefundenes und nie ganz Aufzufindendes"[6]. Widerspruch und Kritik sind der Wissenschaft selbst inhärent. Im Bereich der Handlungsempfehlungen kann es schon gar nicht nur eine Wahrheit geben, vielmehr geht es bei der wissenschaftsbasierten Politikberatung um „die Explo-

---

5 Vgl. etwa Berlin-Brandenburgische Akademie der Wissenschaften, *Leitlinien Politikberatung*, Berlin 2008; und Wissenschaft im Dialog, *Walk the Talk – Chefsache Wissenschaftskommunikation. Siggener Impulse 2018*, 2019, https://www.wissenschaft-im-dialog.de/fileadmin/user_up load/Ueber_uns/Gut_Siggen/Dokumente/Siggener_Impulse_2018_Chefsache_Wissenschafts kommunikation_final.pdf, besucht am 28.06.2019.
6 Wilhelm von Humboldt, Über die innere und äussere Organisation der höheren wissenschaftlichen Anstalten in Berlin, 1809/10, https://edoc.hu-berlin.de/bitstream/handle/18452/5305/229.pdf?sequence=1, besucht am 27.06.2019.

ration politisch relevanter Konsequenzen alternativer Optionen."[7] Dort, wo es am Ende auch um Wertentscheidungen geht, kann Wissenschaft zur rationalen Diskussion beitragen. Sie kann aber nicht stellvertretend für die Gesellschaft Entscheidungen treffen.

Der Diskurs zwischen Wissenschaft, Politik und Gesellschaft über Handlungsoptionen sollte auf Augenhöhe stattfinden. Wissenschaft ist weder ein reiner Zulieferbetrieb für beliebige politische Entscheidungen noch kann die Wissenschaft den Anspruch erheben, ihre Erkenntnisse seien Eins zu Eins umzusetzen. Schließlich legitimiert sich politisches Handeln in demokratischen Gesellschaften nicht durch die Einlösung von Wahrheitsansprüchen, sondern durch Mehrheiten. Und letztere setzen die Bereitschaft zum Kompromiss voraus.

Wer gegenüber der Politik beratend tätig werden will, muss sich mit den Abläufen, Mechanismen und Eigengesetzlichkeiten dieses Bereichs vertraut machen, auch wenn er oder sie dem politischen Taktieren und strategischen Handeln zunächst fremd gegenüber steht. Was der Mehrheitsbildung in Gesellschaft, Parteien, Fraktionen, Parlamenten und Regierungen dient, darf Wissenschaftlerinnen und Wissenschaftlern nicht *per se* suspekt sein. Sie müssen akzeptieren, dass Mehrheitsbildung in einer Demokratie notwendig und meist schwierig ist, nicht zuletzt, weil es kaum erwünschte Folgen gibt, die nicht mit unerwünschten Nebenwirkungen einhergehen.

Der missionarische Eifer und Wirkungsanspruch, den manche Wissenschaftlerinnen und Wissenschaftler an die Politik herantragen, steht mitunter im umgekehrten Verhältnis zu ihrer eigenen fehlenden demokratischen Legitimation. Und gerade Wissenschaftlerinnen und Wissenschaftler, die innerhalb des Wissenschaftssystems mit Erfolg machtbewusst handeln, akzeptieren nicht gerne, dass ihr Machtanspruch außerhalb des Wissenschaftssystems nicht anerkannt wird, und lassen sich oft nur ungern auf die Spielregeln der Demokratie ein.

Diese Spielregeln zu akzeptieren, heißt nun nicht, dass Wissenschaftlerinnen und Wissenschaftler ihre wissenschaftliche Ethik beiseite legen sollen. Im Gegenteil: Um die Relevanz der Wissenschaft in der Gesellschaft und bei politischen

---

[7] Vgl. Cornelis Menke, „Die Kartografie gangbarer Zukunftspfade – Modelle wissenschaftlicher Politikberatung. Gespräch mit Ottmar Edenhofer", *Jahresmagazin der Berlin-Brandenburgischen Akademie der Wissenschaften 2013/2014*, S. 58–65; und Ottmar Edenhofer, Martin Kowarsch, „Ausbruch aus dem stahlharten Gehäuse der Hörigkeit – Modelle wissenschaftlicher Politikberatung", in Peter Weingart, Gert G. Wagner (Hg.), *Wissenschaftliche Politikberatung im Praxistest*, Weilerswist 2015, S. 83–106.

Entscheidungen zu stärken, muss das Wissenschaftssystem eine eigene „Ethik des Wissenstransfers" entwickeln.[8]

Die wohl wichtigste Regel einer forschungsethisch integren Wissenschaftskommunikation ist „Du sollst nicht übertreiben". Wissenschaftlerinnen und Wissenschaftler, die ihre Ergebnisse überinterpretieren, schaden dem Wissenschaftssystem selbst, indem sie die Glaubwürdigkeit der Wissenschaft untergraben. Selbstdisziplin beim Transfer ist in Zeiten einer leicht machbaren digitalen Selbstvermarktung der Wissenschaft und ihrer Betreiber so wichtig wie nie, da eine Einordnung von Nachrichten durch kritischen Fachjournalismus kaum noch stattfindet (siehe hierzu den Beitrag von Nicola Kuhrt in diesem Band, S. 49 – 60). Die Leibniz-Gemeinschaft hat dies in ihrem Leitbild für guten Transfer so formuliert: Es sollte „klar kommuniziert werden, mit welchen Unsicherheiten Ergebnisse behaftet sind, welche Interpretationen die Datengrundlage zulässt und wo die Grenze zur persönlichen Meinung einer Wissenschaftlerin oder eines Wissenschaftlers liegt. Solche persönlichen Meinungen sollten stets und in allen Transferformaten eindeutig gekennzeichnet werden"[9].

Die Notwendigkeit einer Ethik des Wissenstransfers ergibt sich auch aus dem ausgeprägten Misstrauen der Öffentlichkeit bezüglich des Verhältnisses von Wissenschaft und Wirtschaft. Nur Transparenz und klare Compliance-Regeln beugen bei Kooperationen mit privaten und nicht-wissenschaftlichen Geldgebern einem Vertrauensverlust vor. Diese sind aber unserem Eindruck nach bei den außeruniversitären Forschungseinrichtungen derzeit besser umgesetzt als in der Mehrheit der Hochschulen.

IV Was kann die Politik tun?

Wenn die Gesellschaft besser von wissenschaftlicher Beratung profitieren soll, als es jetzt der Fall ist, muss nicht nur das Wissenschaftssystem lernen, seine Kommunikation und Beratung auf einer forschungsethischen Grundlage besser zu organisieren. Auch die Politik muss einem politischen Missbrauch wissenschaftlicher Expertise und Autorität durch entsprechende Selbstverpflichtungen entgegen wirken.

Es ist allgemein bekannt, dass Entscheidungsträger dazu neigen, sich wissenschaftlicher Expertise zu bedienen, die ihnen hilft, ihre Entscheidungen

---

[8] Vgl. Gert G. Wagner, „Zur Forschungsethik gehört auch eine ‚Ethik der Politikberatung'", in Sebastian Dullien et al. (Hg.), *Makroökonomie im Dienste der Menschen – Festschrift für Gustav A. Horn*, Berlin 2019 (im Druck).
[9] Leibniz-Gemeinschaft (in Vorbereitung)

durchzusetzen. Dadurch kommt es leicht zu einseitigen Besetzungen von Beratungsgremien. Das ist u. a. mit der Gefahr verbunden, dass die Politik dem gerade aktuellen *Mainstream* folgt, unter Ausblendung heterodoxer Ansätze. Bei der Besetzung von Gremien mit Wissenschaftlerinnen und Wissenschaftlern sollten alle für die Fragestellung relevanten Disziplinen und Ansätze berücksichtigt werden. Dort, wo die Perspektive unterschiedlicher Lebensbereiche eine besondere Rolle spielt, kann Heterodoxie hergestellt werden, indem nicht nur Wissenschaftsorganisationen für die Nominierung von Beratungsgremien herangezogen werden, sondern auch andere gesellschaftliche Gruppen. Letzteres ist beim Rat für Nachhaltige Entwicklung oder auch beim Sachverständigenrat zur Beurteilung der gesamtwirtschaftlichen Situation (vulgo: „Wirtschaftsweise") der Fall (die geregelte Anhörung von Wissenschaftsorganisationen allerdings nicht).

Dass heterodoxe Besetzungen von wissenschaftlichen Beratungsgremien aus Sicht des *Mainstreams* einer Wissenschaft die „Schlagkraft" der wissenschaftlichen Argumente verringern (da es in so besetzten Gremien oft Streit gibt), ist aus Sicht der Gesellschaft kein Problem, sondern wünschenswert: Wenn die *Mainstream*-Argumente schwach sind, sollte dies transparent gemacht und nicht verschleiert werden.

Heterodoxie darf aber nicht mit der Anwendung außerwissenschaftlicher Kriterien verwechselt werden. Die Organisation der Beratung nach Parteienproporz etwa ist sicherlich problematisch. Politik und Wissenschaft sind sehr unterschiedliche Reputationssysteme mit divergierenden Anerkennungsmechanismen. Autonomie, wissenschaftliche Unabhängigkeit und Wahrhaftigkeit sowie Vielfalt der Perspektiven kann auch in Gefahr geraten, wenn Wissenschaftlerinnen und Wissenschaftlern ihre Rolle in der Politikberatung bedeutsamer erscheint als die kritische Anerkennung durch die wissenschaftlichen *Peers*. Deshalb sollten Wissenschaftsorganisationen bei der Nominierung von Wissenschaftlerinnen und Wissenschaftlern eine zentrale Stellung einnehmen, wegen des *Mainstream*-Problems aber nicht das letzte Wort haben.

In Deutschland wäre es auf der Bundesebene hilfreich zu prüfen, ob die Vielzahl von Beratungsgremien ganz unterschiedlichen Zuschnitts überhaupt notwendig ist.[10] Geht es bei der hohen Zahl von Beiräten um den Pluralismus wissenschaftlicher Perspektiven oder eher um die Herstellung politischer Nahbeziehungen?

Transparenz lässt sich am besten herstellen, indem Berichte unabhängiger Sachverständiger klar abgegrenzt werden von den darauf bezogenen Stellung-

---

[10] Vgl. Heinrich Tiemann, Gert G. Wagner, „Das politische Management von Wohlstandsindikatoren", *Neue Gesellschaft/Frankfurter Hefte*, Nr. 1–2, 2013, S. 64–67.

nahmen der Bundesregierung. Dies ist aber nicht immer der Fall. Teilweise nimmt die Bundesregierung zu beauftragten Sachverständigenberichten gar nicht Stellung, was der Debatte nicht zuträglich ist. Bei manchen Berichten ist die Vermischung von ministerieller Eigenproduktion und wissenschaftlichem Expertenbeitrag überhaupt nicht ersichtlich und folglich nicht erkennbar, wer wem aus welchen Motiven was hineinredigiert hat (etwa beim Armuts- und Reichtumsbericht).

Die klare Trennung von unabhängiger Sachverständigenmeinung und Regierungsbewertung sollte, soweit möglich, für alle Politikbereiche umgesetzt werden. Die Politik sollte viel mehr als bisher dafür Sorge tragen, dass die von ihr in Auftrag gegebenen Berichte auch Gegenstand einer gesellschaftlichen Auseinandersetzung werden. Mit der bloßen Entgegennahme von Berichten wird man weder der Arbeit der beteiligten Wissenschaftlerinnen und Wissenschaftler gerecht noch dem Anspruch der Gesellschaft, an der politischen Meinungsbildung beteiligt zu werden. Fortschrittsberichte über die Politikentwicklung in einzelnen Feldern könnten durch einen auf wissenschaftliche Expertise gestützten Monitoring-Bericht und die darauf bezogenen Stellungnahmen der politisch Verantwortlichen klarer strukturiert werden.

Schließlich könnten für die *interne Beratung* der Bundesregierung hochrangig besetzte offizielle Beraterstäbe eingesetzt werden, deren Mitglieder offen die politischen Zielsetzungen der Regierung unterstützen. Das US-amerikanische *Council of Economic Advisers* könnte Vorbild sein: Auf Zeit stellen sich in den USA renommierte Wissenschaftler in den Dienst der Regierung.

Es ist klar, dass politische Entscheidungsträger die Möglichkeit und das Recht haben müssen, ihre *internen Berater* nach politischen Kriterien zu berufen. Umgekehrt sollten aber unabhängige wissenschaftliche Sachverständigenräte keineswegs allein durch politische Entscheidungen besetzt werden. Ihre Mitglieder sollten vielmehr vom Wissenschaftssystem und seinen Organisationen nominiert werden, wie dies vorbildlich für die Mitglieder der wissenschaftlichen Kommission des Wissenschaftsrates in Deutschland gilt. In der Regel werden heute Sachverständigenräte und Berichtskommissionen auf der Ebene der Bundesregierung autonom von Ministerien und dem Bundeskanzleramt besetzt. Teilweise werden Mitglieder der wissenschaftlichen Beratungsgremien sogar nach einem Regierungswechsel unter parteipolitischen Gesichtspunkten ausgetauscht. Hier wäre eine Selbstverpflichtung sinnvoll, bei der Besetzung von wichtigen Kommissionen und Beratungsgremien etwa den Wissenschaftsrat oder wissenschaftliche Fachorganisationen um Nominierungsvorschläge zu bitten.

V Fazit

Die in den letzten Jahren zunehmende harte Kritik an der Wissenschaft in verschiedenen politischen Kontexten indiziert keineswegs einen generellen Vertrauensverlust der Wissenschaft in der Gesellschaft und der Politik. Die Kritik ist statt dessen ein Ausweis der hohen Relevanz der Wissenschaft. Was relevant ist, ist immer auch der Kritik ausgesetzt. Es wird Zeit, dass das Wissenschaftssystem dies erkennt, akzeptiert und richtig einordnet. Der große Ressourceneinsatz für die Forschung ist Ausdruck eines erheblichen Vertrauens in die „Problemlösungskompetenz" der Wissenschaft, bringt für diese zugleich aber einen steigenden Rechtfertigungszwang mit sich. Dieser reicht bis zu direkten Interventionen aus der Gesellschaft und der Politik heraus und Versuchen, gesellschaftliche und politische Ziele mit Hilfe der Wissenschaft durchzusetzen. Demgegenüber muss die Wissenschaft ihre Autonomie verteidigen. Und sie muss eine Forschungsethik für den Wissenstransfer entwickeln. Es geht dabei nicht nur darum, innerhalb der Wissenschaft korrekt zu arbeiten, sondern auch darum, ethische Leitlinien für die Wissenschaftskommunikation, den Wissenstransfer und die Politikberatung zu entwickeln und diese Leitlinien institutionell auszugestalten.

Auf Seiten der Politik wäre gefordert, Prozeduren für die Diskussion von Sachverständigenberichten zu entwickeln und eine deutlichere Trennung von Sachverständigenbericht und politischer Stellungnahme vorzunehmen. Zudem sollte die Politik sich verpflichten, unabhängige Sachverständigenräte nicht unter politischen Gesichtspunkten zu besetzen, sondern maßgeblich die wissenschaftliche *Community* und ihre Einrichtungen zu beteiligen. Wenn wissenschaftliche und gesellschaftliche Freiheit nicht langfristig gefährdet werden sollen, braucht es einen Vertrauensvorschuss für die Wissenschaft.

Silja Vöneky
Wissenschaftliche Politikberatung

I Herausforderungen

Das 21. Jahrhundert ist bereits jetzt durch die existentiellen Herausforderungen geprägt, die technologische Entwicklungen und wissenschaftliche Erkenntnisse für das Leben der Menschen und Menschheit bedeuten. Wir leben im Anthropozän, und besonders die Fortschritte in der Biotechnologie und der Künstlichen Intelligenz (KI) scheinen so disruptiv, im guten wie im schlechten Sinne, dass es für uns als Gesellschaft wichtig ist, diese Entwicklungen normativ zu begleiten. Zudem sind existentielle Gefahren – schwere Krankheiten und Pandemien, die Zerstörung der Umwelt, vor allem jedoch die globale Erwärmung – nicht gebannt. Auch sie folgen oftmals, als nicht intendierte Konsequenzen, aus Technisierung und Industrialisierung oder sind eng mit ihnen verbunden. Besonders bedroht fühlen wir uns schließlich dadurch, dass Straftäter bewusst Mittel und Waffen herstellen und einsetzen, um Menschen oder ihre Lebensgrundlagen zu schädigen und zu zerstören.

Die besonderen Herausforderungen des 21. Jahrhunderts fallen zusammen mit einer Phase der Destabilisierung der internationalen Ordnung, die politische, insbesondere demokratische, Systeme ebenso betrifft wie „rule of law" und Staatlichkeit allgemein.

Daneben konzentrieren transnational agierende und (natürlich!) nicht-demokratisch geführte Unternehmen als private Akteure, insbesondere Internet- und KI-Unternehmen, eine solche finanziell und technologisch abgesicherte Macht auf sich, dass sie Staatlichkeit herausfordern und unterminieren können.

Der politisch-normative Fortschrittsoptimismus, den sich nach Ende des Kalten Krieges viele zu eigen machten und der mit der Idee einer neuen friedlichen, demokratischen, norm- und rechtebasierten Ordnung westlicher Prägung verbunden wurde, ist heute verflogen. Es geht vielen, auch international, nur noch darum, zu bewahren, was an legitimierenden und rechtebasierten Verfahren und Institutionen etabliert wurde. Doch auch wenn stabile Institutionen und stabilisierende Rechtsordnung(en) Voraussetzungen für die Lösung der Gegenwartsprobleme sind, erscheint das bloße Bewahren nicht als erfolgversprechende Strategie: Allein auf diese Weise können die neuen politischen und technologischen Herausforderungen und die bisher ungelösten Probleme nicht bewältigt werden.

Es geht also zwar einerseits um eine Stabilisierung der staatlichen Ordnungen, die als freiheitliche – prozedural und substanziell – legitimiert sind. Andererseits geht es aber um deren normative Begleitung im Sinne einer Absicherung der Chancen, Einhegung der Risiken und Lösung der Probleme. Was dies genau bedeutet, zeigt sich heute insbesondere auch im Bereich der Künstlichen Intelligenz oder Biotechnologie. Dort geht es, wie immer wenn es neue, technologisch nutzbare Ergebnisse der Wissenschaft gibt, um das Ausloten von Normierungslücken: Das deutsche Straßenverkehrsgesetz wurde bereits für die Nutzung autonomer Fahrzeuge geändert (§§ 1a, 1b, 63 StVG), ebenso das Medizinproduktegesetz in Bezug auf die Nutzung von Neurotechnologie, nicht aber die EU-Normen, die genetisch modifizierte Organismen normieren. Daneben geht es um weitere Normierungsnotwendigkeiten, etwa in Bezug auf eine Vereinheitlichung von Standards oder staatliche Schutzpflichten wie die zum Schutz von Menschenwürde, Leben und Gesundheit der Menschen, deren Reichweite zunächst bestimmt werden muss. Schließlich geht es um die Frage, wie weit Normierungsmöglichkeiten auf den verschiedenen Ebenen der Rechtsetzung, also national, europäisch und global, begrenzt werden, etwa durch Grund- und Menschenrechte wie die Forschungsfreiheit. Gerade bei internationalrechtlichen Regelungen ist dabei erforderlich, dass sich zumindest eine kleine Gruppe von gleichgesinnten Staaten findet, die bereit sind, Normen zu erlassen, die mehr sind als bloße Leerformeln.

Wollen die politischen Akteure auf die vielfältigen politischen, gesellschaftlichen und technischen Entwicklungen und die daraus resultierenden Herausforderungen und Risiken rational und angemessen, also „vernünftig" (*reasonable*), reagieren, gibt es daher viel zu tun. Dies gilt insbesondere für die wissenschaftliche Politikberatung, denn diese sollte heute, so meine These, gerade die Möglichkeiten einer rationalen und angemessenen und insofern vernünftigen Reaktion auf die Chancen und Gefahren unseres Jahrhunderts aufzeigen.

II Was ist Wissenschaft?

Um zu bestimmen, was wissenschaftliche Politikberatung ist und sein soll, muss zunächst der Wissenschaftsbegriff geklärt werden. Wissenschaft – nicht beschränkt auf Naturwissenschaften (*science*) – kann umschrieben werden als systematische und kritisch-reflektierende Untersuchung, die darauf ausgerichtet ist, das bestmögliche Verständnis der Natur, der Menschen und ihrer Gesellschaft und damit der Welt und ihrer Objekte, Subjekte und Normen zu erreichen. Ziel von Wissenschaft ist insofern auch, wahre Aussagen über Dinge oder Normen zu treffen, und damit Wahrheit (auch wenn nicht jede wahre Aussage wissenschaftlich ist). Was Wahrheit ist, ist jedoch unklar, solange nicht klar ist, welche Kriterien rationaler Akzeptanz entscheidend sein sollen.[1]

Zudem sind viele entscheidende Fragen, die sich hinsichtlich von Governance und Regulierung neuer Technologien im 21. Jahrhundert stellen, *auch* ethische Fragen und erfordern zu ihrer Beantwortung Aussagen über Normen und Werte. Wäre Ethik keine Wissenschaft und wären Aussagen über Normen und Werte keine begründungs- oder wahrheitsfähigen Aussagen, könnte schon aus diesem Grund keine wissenschaftliche Politikberatung erfolgen.

Ich halte einen einschränkenden Wissenschaftsbegriff, der die Ethik in diesem Sinne ausschließt und nur induktiv-empirischer Erkenntnis, Logik und Mathematik Wissenschaftscharakter zuschreibt, nicht für überzeugend. Die verschiedenen Einwände, die gegen die Wissenschaftlichkeit der Ethik vorgebracht werden, sei es von logischen Positivisten wie Ludwig Wittgenstein, Max Weber oder Hans Kelsen, sei es von ethischen Nonkognitivisten und Emotivisten, scheinen mir nicht tragfähig. Putnam hat erfolgreich dargelegt, welche Argumente gegen diese Positionen – und auch gegen die These einer *absoluten* Dichotomie von Tatsachen- und Werturteilen – vorgebracht werden können.

Überzeugend erscheint mir daher ein weiter Wissenschaftsbegriff zu sein, wie er von Putnam selbst vertreten wurde: Generelle Anforderungen wissenschaftlicher Erkenntnis (und Maßstäbe rationaler Akzeptierbarkeit) sind Widerspruchsfreiheit, Begriffsklärung, Kohärenz, Vollständigkeit, zudem instrumentelle Leistungsfähigkeit und funktionale Einfachheit. Akzeptiert werden Theorien (auch, aber nicht *nur* naturwissenschaftliche) als Abduktion oder Schluss auf die beste Erklärung, mithin wenn sie gute Erklärungen bestehender Datenmengen liefern und keine plausiblere Alternativerklärung zur Hand ist. Wissenschaftscharakter haben nach dieser Ansicht auch Geistes- und Rechtswissenschaften, einschließlich der Ethik und Angewandten Ethik (zur Charakterisierung der Angewandten Ethik als Wissenschaft siehe auch den Beitrag von Daniel Eggers in diesem Band, S. 61–72). Auch ethische Begründungen haben demnach das Ziel, von Meinungen zu Wissen zu gelangen. Ethische Begründungsversuche tragen dem Anspruch rationaler Wesen Rechnung, autonom (selbst einsichtig und selbst urteilend) Forderungen als legitim anzunehmen oder abzulehnen. Da ethische Aussagen begründungs- oder wahrheitsfähige Aussagen sind und Maßstäbe rationaler Akzeptierbarkeit auch für ethische Positionen gelten, können auf der Grundlage von

---

[1] Dieser Zusammenhang von rationaler Begründbarkeit und Wahrheit ist umstritten. Ich beziehe mich hierbei und im Folgenden auf die Thesen des Philosophen *Hilary Putnam*, ausgeführt in *Reason, Truth and History*, Cambridge 1981.

Begründungen zudem bessere von schlechteren ethischen Positionen unterschieden werden. Es gibt keine Letztbegründung. Diese ist aber auch nicht erforderlich: Auch ohne sie können wir gerechtfertigt gute von schlechteren ethischen Theorien und Argumenten unterscheiden, nämlich auf der Grundlage der genannten allgemeinen Maßstäbe rationaler Akzeptierbarkeit. Daher kann Politikberatung auch in diesem Bereich, nicht nur in Bezug auf naturwissenschaftliche oder andere Tatsachenfragen, den wissenschaftlichen Rationalitätsanforderungen gerecht werden.

Aber auch wenn die Ethik und die Geisteswissenschaften allgemein Wissenschaften sind, soll hier *nicht* vertreten werden, dass es *keine* Unterschiede zwischen Natur- und Geisteswissenschaften gibt. Der für die Politikberatung wichtigste Unterschied ist wohl der, dass naturwissenschaftliche Theorien einen von einer Forschendengemeinschaft geteilten paradigmatischen Kern besitzen und über eine etablierte Methodik und experimentelle Prüfverfahren verfügen. In der Ethik gibt es eine Vielzahl von Theorien und Kriterien, aber keinen solchen paradigmatischen Kern. Unterschieden werden üblicherweise das utilitaristische, das deontologische, das kontraktualistische, das individualrechtliche und das tugendethische Paradigma. Daher wird Expertenrat in diesem Bereich immer andere Voraussetzungen und Folgen haben als im Bereich der Naturwissenschaften. Es wird in der Ethik zudem, mehr als in naturwissenschaftlichen Fragen, notwendig Fälle des rationalen Dissenses geben, also Fälle, in denen es keine Möglichkeit gibt, die Meinungsverschiedenheiten durch weitere Argumente beizulegen. Die Auflösung rational begründeter Dissense über ethische Prinzipien und Wertfragen ist jedoch eine politische Aufgabe und kein metaphysisches Problem (zur Möglichkeit vernünftiger Meinungsverschiedenheiten in Bezug auf moralische und politische Fragen siehe auch den Beitrag von Wilfried Hinsch und Lukas H. Meyer in diesem Band, S. 87–103).

Beide, also Natur- *und* Geisteswissenschaften, kennen zudem Fragen, auf die es keine eindeutige Antwort gibt. In der Ethik sind dies die Dilemmasituationen, in denen alle verfügbaren Handlungsalternativen so schrecklich sind, dass auch ein rationaler Mensch nicht klar erkennen kann, welches die moralisch richtige ist. Ein viel diskutiertes Beispiel für ein solches Dilemma ist folgendes: Soll, wenn es bei einem Autounfall unvermeidbar ist, dass entweder die Mutter oder das Kind überfahren und getötet wird, die Mutter oder das Kind überfahren werden?

III Politikberatung in wissenschaftsfeindlichen Zeiten?

Nun mag man gegen das gerade gezeichnete Bild einer rationalen Politikberatung durch Experten, also durch Wissenschaftler, einwenden, dass es naiv sei, ist es doch schwer zu leugnen, dass politische Entscheidungen auch in demokratischen Staaten häufig nicht durch rationale Argumente legitimiert werden, sondern durch ein überzeugendes Narrativ. Zudem scheinen diejenigen politischen Entscheider, die sich auf den wahren Willen des Volkes berufen, eher Emotionen aufzunehmen und entscheiden zu lassen, auch wenn diese auf Unwahrheiten oder Fehleinschätzungen beruhen. Befinden wir uns nicht gerade heute in eliten- und wissenschaftsfeindlichen Zeiten? Spricht dies alles nicht gegen jede Institutionalisierung von Expertengremien, die im Sinne einer Expertokratie aus wissenschaftlicher Politikberatung folgen kann – und die ihrerseits als Herrschaftsmechanismus erscheinen muss, mit dem die Wünsche und Sorgen der Bevölkerung unterdrückt werden?

Richtig ist sicher, dass eine Expertokratie, die Diskurs und Austausch verhindert, nicht das Ergebnis wissenschaftlicher Politikberatung sein darf. In einer parlamentarischen Demokratie müssen die wesentlichen Entscheidungen vom und im Parlament getroffen werden, da nur dieses unmittelbar demokratisch von der Bevölkerung (dem Staatsvolk) legitimiert ist. Dies gilt auch, weil nur dessen zentrale Debatten öffentlich stattfinden und nur die Parlamentarier insofern Verantwortung für ihre Entscheidungen übernehmen müssen, als sie abgewählt werden können. Was der „wahre Wille des Volkes" ist, entscheidet sich in einer parlamentarischen Demokratie, zumindest solange es keine Volksabstimmungen über Sachfragen gibt, vor allem in und als Ergebnis der parlamentarischen Arbeit.

In Zeiten, in denen auch demokratisch legitimierte Regierungen und Staatsoberhäupter Lügen im politischen Kampf einsetzen, ist wissenschaftliche Politikberatung aber besonders wichtig. Im Parlament und im politischen Streit können auch irrationale und arationale Argumente vorgebracht werden. Wissenschaftliche Beratung kann entscheidend dazu beitragen, diese Argumente als irrational oder arational zu erkennen und offenzulegen, was sich rational begründen lässt und welche Argumente oder Probleme übersehen wurden. Diejenigen, die politisch entscheiden, also Regierungen und Parlamente, und diejenigen, die diese Entscheidungen vorbereiten, insbesondere die Beamten in den Ministerien, können sich nach wissenschaftlichen Stellungnahmen etwa von Ethikgremien, die in der Regel auch in der Presse rezipiert werden, nicht mehr darauf berufen, sie hätten bestimmte Dinge nicht gewusst oder bestimmte Argumente nicht gekannt.

Darüber hinaus scheint mir schon die Diagnose einer eliten- und wissenschaftsfeindlichen oder gar wahrheitsfeindlichen Zeit verkürzt zu sein. Wie wirkmächtig Wissenschaft politisch sein kann, sieht man an den jüngeren Bewegungen, die – wie *Fridays for Future* – vor dem Hintergrund der neuesten wissenschaftlichen Erkenntnisse einen entschlosseneren Kampf gegen den Klimawandel fordern. Ihre Forderungen stützen sich auch darauf, dass weitere Untätigkeit den Empfehlungen der Wissenschaftler widerspricht. Dieses Beispiel zeigt, dass sich die mühsame Arbeit lohnt, im fachspezifischen und im interdisziplinärem Austausch den Stand der Wissenschaft zu bestimmen und sich als Beratungsgremium auf konkrete und wissenschaftlich begründbare Szenarien festzulegen.

IV Typen wissenschaftlicher Politikberatung

Aus rechtswissenschaftlicher und demokratietheoretischer Sicht sollten verschiedenen Arten wissenschaftlicher Politikberatung differenziert werden. Diese unterscheiden sich durch ihre Nähe zu den politischen Akteuren, ihre eigene demokratische Legitimation, ihre Verstetigung, ihre Themenausrichtung, ihre Wissenschaftlichkeit, ihre Zusammensetzung und anderes mehr.

Grundsätzlich sind zwei Typen von Beratung relevant. Zum einen gibt es Politikberatung, die die Parteien und Fraktionen, die Exekutive oder die Parlamente nicht selbst organisieren. Sie wird z. B. durch die Stellungnahmen der großen Wissenschaftsorganisationen geleistet, wie die Max-Planck-Gesellschaft, die Deutsche Forschungsgemeinschaft oder die Leopoldina. Diese nehmen Einfluss auf den politischen Diskurs, indem sie Themen verständlich darlegen und (in der Regel) konsensuale Positionen der dort Forschenden formulieren.

Zum anderen gibt es Politikberatung, welche die Politik selbst initiiert und organisiert. Dies kann die interne Beratung von Parteien und Fraktionen durch einzelne Experten sein, die oft in Gutachtenform und auf Wunsch erfolgt. Es kann sich allerdings auch um die Beratung von Ministerien oder Exekutive insgesamt handeln. Und natürlich nimmt auch die Legislative wissenschaftliche Beratung in Anspruch, etwa im Rahmen von Anhörungen in Gesetzgebungsverfahren oder durch eigens eingesetzte Gremien und Räte. Mischformen, bei denen die Exekutive und Legislative und gegebenenfalls auch die Öffentlichkeit beraten werden sollen, sind ebenfalls möglich.

Besondere Dynamiken entfalten sich, wenn die Beratung von Exekutive und Legislative in Gremien (Räten, Kommissionen) verankert wird. Diese Gremien können, wie die Enquetekommissionen des Bundestages, rechtlich vorgesehen, aber auf Zeit für ein Thema eingesetzt sein (§ 56 Geschäftsordnung Deutscher Bundestag). Sie können jedoch auch auf parlamentsgesetzlicher Grundlage auf Dauer eingesetzt sein, wie – nach langem Ringen – der Deutsche Ethikrat, der damit, anders als noch der Nationale Ethikrat, (mittelbar) demokratisch legitimiert ist.

Gremien und Kommissionen können jedoch auch ohne gesonderte gesetzliche Grundlage von Ministerien zur Beratung eingesetzt werden, wie die durch den

Bundesverkehrsminister *ad hoc* eingesetzte Ethik-Kommission „Automatisiertes und vernetztes Fahren", die im Jahr 2017 ihren Bericht vorgelegt hat. Auch diese Räte und Kommissionen können auf Dauer eingerichtet werden, wie z. B. der Völkerrechtswissenschaftliche Beirat des Auswärtigen Amtes.

Auch die Art der angestrebten Öffentlichkeit kann variieren. Gremien können darauf ausgerichtet sein, das jeweilige Staatsorgan nur intern zu beraten (wie der Beirat des Auswärtigen Amtes). Sie können aber auch mit dem Ziel geschaffen sein, nicht nur die Staatsorgane, sondern auch den öffentlichen Diskurs zu befruchten (wie der Deutsche Ethikrat und die relevanten Enquetekommissionen). Es kann sich schließlich um „reine" Expertengremien handeln, in die nur Wissenschaftler berufen werden, oder um gemischte Gremien, die z. B. auch Richter, ehemalige Politiker oder Vertreter der Kirchen und allgemein Repräsentanten des öffentlichen Lebens zulassen. Man denke auch an die Enquetekommissionen des Bundestages, etwa die Enquete Künstliche Intelligenz mit ihren 38 Mitgliedern, die zur Hälfte mit Experten und zur Hälfte mit Abgeordneten besetzt ist.

Berufen Staatsorgane die Gremien ein, kann zudem der Einfluss von Legislative und Exekutive unterschiedlich sein. Die Räte, die Ministerien beraten sollen, werden üblicherweise von diesen selbst besetzt und ausgestaltet (allgemeine gesetzliche Vorgaben finden sich hierzu in Deutschland, anders als in den USA, nicht). Auch die Regierung, genauer das Bundesforschungsministerium, besetzt z. B. beim Deutschen Ethikrat die Hälfte der Mitglieder selbst, während die andere Hälfte durch das Parlament bestimmt wird. Dagegen werden die sachverständigen Mitglieder der Enquetekommissionen allein vom Bundestag berufen, bei dem diese Mitglieder im Einvernehmen der Fraktionen benannt werden.

Dies alles beschreibt nur die unterschiedlichen Arten der Politikberatung in Deutschland. Auf der Ebene der Europäischen Union und bei den verschiedenen Internationalen Organisationen und ihren Organen, wie bei den Vereinten Nationen, der OECD, der UNESCO oder der WHO, finden sich eine Vielzahl von Experten- oder Mischgremien, die wiederum durch eine engere Anbindung an die jeweiligen Institutionen, eine kürzere oder längere Verstetigung, eine engere oder weitere Themenausrichtung und eine größere oder geringere Öffentlichkeitsausrichtung gekennzeichnet sind. Gerade in Bezug auf die wichtigen Fragen der Normierung von Künstlicher Intelligenz wurden in den letzten zwei Jahren neue *ad hoc*-Gremien eingerichtet, auch bei der OECD und der Europäischen Union.[2]

---

[2] Die OECD hat auf der Grundlage der Arbeiten einer 50-köpfigen Expertenkommission in diesem Bereich innerhalb eines Jahres die „Empfehlungen des Rates zu künstlicher Intelligenz" erarbeitet, die im Mai 2019 von 42 Staaten angenommen wurden. Die EU Kommission hat dafür eine „High-Level Expert Group on Artificial Intelligence" eingesetzt, die eine erste Fassung ihrer „Ethics Guidelines for Trustworthy AI" im April 2019 finalisiert hat.

Diese ergänzen die schon bestehenden Gremien wissenschaftlicher Politikberatung, die einen anderen oder weiteren Themenkreis abdecken, etwa den der Biomedizin und Biotechnologie.

V Aufgaben der Politikberatung

Es ist umstritten, ob diese Gremien nur eine einzige Lösung als die aus wissenschaftlicher Sicht richtige vertreten sollten. Es müsste dazu jedenfalls vorausgesetzt werden, dass es nach dem Stand der Wissenschaft tatsächlich nur eine beste Lösung gibt, und die Mitglieder des Gremiums müssten dies unter Offenlegung ihrer Prämissen und Argumente auch in nachvollziehbarer Weise begründen können.

In vielen Fällen scheint mir eine zentrale Aufgabe wissenschaftlicher Politikberatung aber gerade darin zu bestehen, verschiedene rational begründbare Lösungen für die Probleme der Gegenwart aufzuzeigen. Ein Ergebnis dieser Beratung kann dann auch sein, dass der Vorwurf der vermeintlichen Irrationalität mancher Lösungen (auch des politischen Gegners) entkräftet wird. Nach der Beratung sollte jedoch die Verantwortung für die Entscheidung zwischen den verschiedenen vernünftigen Lösungen entweder denjenigen übertragen werden, die direkt davon betroffen sind, also der Bevölkerung, oder, im Rahmen einer repräsentativen Demokratie, denjenigen, die von der Bevölkerung legitimiert worden sind, solche Entscheidungen zu treffen und sich ihr gegenüber dafür verantworten müssen.

Letzteres ist auch deswegen wichtig, weil es sich bei der Auswahl aus verschiedenen rational begründeten Lösungen um eine genuin politische Aufgabe handelt, welche die Identität einer Gesellschaft mitbestimmt. Eine Gesellschaft, die zwischen verschiedenen Problemlösungen wählt, entscheidet auch darüber, wer sie sein will, gerade wenn diese Lösungen gleichermaßen vernünftig und rational sind. Die Entscheidung kann und darf in einer Demokratie daher kein Expertengremium übernehmen. Auf internationaler Ebene bedeutet dies entsprechend, dass nach der Beratung durch die Experten die Vertreter der Staaten, als die relevanten Völkerrechtssubjekte, aus den vorgeschlagenen Lösungen wählen sollten.

Durch die Rationalisierungsleistung der wissenschaftlichen Politikberatung soll auch offengelegt werden, bis zu welcher Grenze es wissenschaftlich gesichertes Wissen für die Antwort auf eine bestimmte Frage gibt. Gezeigt werden muss insbesondere, inwieweit wissenschaftliche Unsicherheiten bestehen und an welchen Stellen womöglich Daten oder Belege fehlen. Wissenschaftliche Beratung bedeutet in diesem Sinne auch, die Grenzen gegenwärtigen Wissens aufzuzeigen (siehe hierzu auch die Überlegungen von Jürgen Zöllner in diesem Band, S. 11–20).

VI Anforderungen an gute Beratung

Vor allem anderen muss wissenschaftliche Politikberatung redlich sein. Es mag – mit Blick auf den politischen Diskurs, den eigenen Einfluss und die politischen Ziele eines Gremiums oder eines Wissenschaftlers – verlockend sein, das eigene Argument (und das eigene Ergebnis) dadurch zu stärken, dass man wissenschaftlich begründete Gegenansichten nicht erörtert, weil man sie für nicht überzeugend hält. Versuche, Diskurse auf diese Weise zu verengen, sind jedoch unwissenschaftlich und zudem auch nicht klug, weil sie die Legitimation der wissenschaftlichen Politikberatung insgesamt unterminieren.

Eine Politikberatung, die der Wahrheit verpflichtet ist, ist auf anerkannte Methoden der Wahrheitssuche festgelegt. Andernfalls gerät sie unter Ideologieverdacht. Wenn Beratungsgremien ein nachlässiger Umgang mit wissenschaftlichen Methoden und Ergebnissen vorgeworfen werden kann, werden ihre Argumente und Ergebnisse – zu Recht – ihre Autorität verlieren.

Welche weiteren Bedingungen muss gute wissenschaftliche Politikberatung erfüllen, neben der *conditio sine qua non* der Wissenschaftlichkeit der Stellungnahmen und der wissenschaftlichen Expertise der Beratenden? Einige ergeben sich bereits aus den allgemeinen Anforderungen an rationale Beratung. Wenn Wahrheitsfindung das Ziel ist, müssen die Gremien so gestaltet werden, dass die Wahrheitssuche gefördert und nicht behindert wird. Hierzu gehört insbesondere, dass die Experten in ihrer Funktion als Wissenschaftler frei sprechen können (und nicht als Vertreter ihrer Organisation, ihres Unternehmens etc. sprechen müssen). Es geht also darum, dass die Mitglieder von Beratungsgremien in einem echten, und nicht nur in einem formalen Sinn, unabhängig sind. Dies abzusichern, wenn nicht zu garantieren, ist jedoch nicht leicht.

Eine besondere Herausforderung für die Unabhängigkeit ist die Vermischung von Wissenschaft und Privatwirtschaft, die zunimmt und wohl weiter zunehmen wird. Gerade in zukunftsträchtigen, aber auch disruptiven Forschungsfeldern wie der Genomeditierung und der Künstlichen Intelligenz geht es um finanzielle Mittel – als privatwirtschaftlich erwirtschaftete Gewinne, Gehälter oder verfügbare Forschungsmittel – in Größenordnungen, die vor einigen Jahren noch kaum vorstellbar waren.

Es scheint wenig realistisch anzunehmen, dass Wissenschaftler, die an Unternehmen beteiligt sind oder Unternehmen gegen finanzielle Gegenleistungen beraten, nur die Wahrheitssuche im Blick haben und nicht auch (vielleicht nur unbewusst!) den Marktvorteil oder Gewinn des jeweiligen Unternehmens. Man muss in diesen Bereichen daher mit einem strukturellen *Bias* rechnen, mit einer möglichen Überschätzung der Chancen und einer Unterschätzung der Risiken bestimmter wissenschaftlicher oder technologischer Entwicklungen. Denn letztlich ist es das Ziel von Unternehmen, im Wettbewerb zu bestehen und ihre Produkte auf den Markt zu bringen und zu verkaufen.

In vielen Beratungsgremien zur Künstlichen Intelligenz sitzen in großer Zahl Unternehmensvertreter und Wissenschaftler, die bei KI-Unternehmen angestellt sind. Dies ist unter dem Gesichtspunkt einer ausgewogenen Beratung ein möglicher Schwachpunkt, da, selbst bei besten Intentionen aller Beteiligten, eine Konvergenz von Unternehmsinteressen und wissenschaftlicher Expertise droht. Da es aber gerade im Bereich der Künstlichen Intelligenz kaum Experten gibt, die finanziell in keiner Weise mit einem Unternehmen verbunden sind, ist es umso wichtiger, in allen Bereichen der Forschung unabhängige Wissenschaftler zu fördern und die wissenschaftliche Politikberatung so auf eine breitere Grundlage zu stellen. Darüber hinaus müssen interdisziplinäre Gremien gebildet werden, in denen die Argumente einzelner Fachwissenschaftler intensiv hinterfragt werden können. Eine andere, radikalere Möglichkeit wäre, wenn möglich, mehrere Beratungsgremien einzusetzen, um zu sehen, ob Wissenschaftler, die finanziell mit Unternehmen verbunden sind, zu anderen Ergebnissen gelangen als solche, die insofern unabhängig sind.

Eine weitere Bedingung für gute wissenschaftliche Beratung ist, dass die Unabhängigkeit der Beratenden im wissenschaftlichen Diskurs selbst in größtmöglichem Maße gefördert wird. Der Austausch von Argumenten in den Gremien der wissenschaftlichen Politikberatung wird nicht „herrschaftsfrei" sein, wie dies von Jürgen Habermas für eine ideale Sprechsituation ausgeführt wurde. Die beratenden Wissenschaftler werden sich auch nicht hinter einem „Schleier des Nichtwissens" in Bezug auf die jeweils eigene Position in der Gesellschaft befinden, wie John Rawls es im Gedankenexperiment für seine Gerechtigkeitstheorie annimmt. Es besteht also immer auch die Gefahr, dass Eigeninteressen oder politische Prägungen die Wahrnehmung des Wissenschaftlers mitbestimmen. Dennoch kann einiges getan werden, um die daraus resultierenden Risiken abzumildern.

Ein einfaches Mittel ist z.B., dass Beratungsgremien auf mehrfache Amtszeiten, also Wiederberufungen ihrer Mitglieder, verzichten (wie auch die Richter des Bundesverfassungsgerichts – in Deutschland – nur für eine Amtszeit berufen werden). Die Amtszeit sollte ein angemessen langer Zeitraum, auch von mehreren Jahren, sein, damit eine effektive und sachgerechte Beratung erfolgen kann. Die Unabhängigkeit des Einzelnen und des Gremiums insgesamt kann aber leiden, falls Kommissionsmitglieder darauf achten, nur das zu sagen (und zu schreiben), was ihre Wiederberufung nicht gefährdet. Das gilt umso mehr, wenn die Beratungstätigkeit mit einer Aufwandsentschädigung verbunden ist, die nicht unerheblich ist.

Eine weitere Anforderung an gute wissenschaftliche Politikberatung ist das, was man als ihre *prozedurale Legitimität* bezeichnen kann: ein dem Beratungszweck angemessenes und transparentes Verfahren zur Auswahl und Berufung der Mitglieder eines Gremiums. Insbesondere sollte im Ergebnis auf Ausgewogenheit geachtet werden, um strukturelle Verzerrungen zu vermeiden. Dies wird in der Regel bedeuten, dass es ein ausgewogenes Verhältnis von verschiedenen themenrelevanten Wissenschaften geben muss (und bei internationalen Gremien von verschiedenen Staaten oder Regionen, wie dies gegenwärtig üblich ist).

Auch wenn Transparenz in Zeiten der Informationsüberflutung kein Allheilmittel ist, erhöht sie doch das Vertrauen in die von Beratungsgremien erarbeiteten Ergebnisse. Zur Transparenz gehört auch, dass die Wissenschaftler Verbindungen offenlegen, die ihre Unabhängigkeit beeinträchtigen könnten. Dazu gehören insbesondere finanzielle Abhängigkeiten durch Kooperationen oder weitere Beratungsverträge.

Doch nicht nur finanzielle Interessen können die Wahrheitssuche beeinträchtigen. Zu einer Beeinträchtigung kann es auch kommen, wenn die Auffassungen einer kleinen Gruppe von Wissenschaftlern eine bevorzugte Stellung erlangen, weil diese in zahlreichen Gremien zu ähnlichen Themen mitwirken. Es kommt dann zu einer diskursiven Verengung durch Ämterhäufung. Wissenschaftler sollten deshalb verpflichtet sein offenzulegen, an welchen Gremien und Kommissionen sie beteiligt sind. Es kann nicht im Interesse der Öffentlichkeit sein, wenn verschiedene Gremien deshalb zu ähnlichen Ergebnissen kommen, weil zwischen ihnen zu große personelle Überschneidungen bestehen.

Wissenschaftliche Politikberatung kann zudem nur gelingen, wenn die mitwirkenden Experten ihre eigenen Grenzen erkennen und benennen, wenn sie gute Wissenschaftler sind, die der Wahrheitssuche auch im politischen Umfeld Vorrang geben, und wenn sie bereit sind, die Prämissen ihrer Argumente und Voten offenzulegen. Zur Politikberatung gehört darüber hinaus die Bescheidenheit, rationale und wissenschaftsbasierte Lösungen zwar aufzuzeigen oder vorzuschlagen, aber gleichwohl dem gesellschaftlichen Diskurs Spielräume zu lassen und die Rolle des demokratischen Gesetzgebers zu betonen.

Die legitime Reichweite eines Votums eines Expertengremiums erstreckt sich so weit, wie es seine Ergebnisse überzeugend begründen kann. Die Politik kann die Bedingungen dafür schaffen, dass sich diese *diskursive Wissenschaftlichkeit* entfalten kann. Sie kann die Beratungsgremien sachgerecht zusammensetzen, kann auf deren Unabhängigkeit und Transparenz achten und kann damit die Anstrengungen, die die Forschenden im Rahmen der wissenschaftlichen Politikberatung auf sich nehmen, durch geeignete Strukturen unterstützen. Die Politik muss jeder Versuchung, Politikberatung zu instrumentalisieren, widerstehen. Jeder Verdacht sollte vermieden werden, dass Räte so zusammengesetzt werden, dass sie diejenigen Ergebnisse begründen, die politisch gewünscht werden.

Gerade in Zeiten des polarisierten und polarisierenden politischen Diskurses kann wissenschaftliche Politikberatung ausgleichend wirken, da jedenfalls das Ziel ein gemeinwohlorientiertes und ein gemeinsames ist: Wahrheit zu suchen und zu finden und auf dieser Grundlage die Fragen zu beantworten und die Probleme zu lösen, die sich uns allen heute noch drängender als zuvor stellen.

Kommunikation

Nicola Kuhrt
Wissenschaftsjournalismus zwischen Utopie und Netzpessimismus

„Alles was wir wissen, beginnt mit einer Vermutung. Der Unterschied zwischen Glauben und Wissen liegt darin, ob die Vermutung einer objektiven Prüfung standhält. Ohne Evidenz kein Wissen", erklärt Anneke Meyer in ihrem Dossier für den Deutschlandfunk, es geht um Irrwege und Irrsinn. „Soweit die Theorie."[1]

Wissenschaftsjournalisten berichten über die Suche nach Evidenz, über gewonnene Erkenntnisse und Entwicklungen und auch über die Auswirkungen von Wissen und Wissenschaft für Mensch, Tier und Umwelt. Dabei durchläuft der Journalismus derzeit starke Veränderungen. Diese wurden durch die Entwicklung neuer Technologien ausgelöst und münden in Umwälzungen, die ein neues Leseverhalten der Menschen und eine neue Rezeption von Wissen nach sich gezogen haben. Dies alles bleibt nicht folgenlos für die Frage, welche Rolle Journalismus in der digitalen Moderne einnehmen kann, und somit auch, welche Rolle speziell der Wissenschaftsjournalismus spielen kann und sollte.

Lösungen auf diese Herausforderung kann dieser Text nicht geben. Beobachtungen und Skizzen aus den unterschiedlichen Veränderungsfeldern sollen aber deutlich machen, welche Fragen, Chancen und Herausforderungen mit den derzeitigen Umwälzungen verbunden sind und wie die Rolle des Wissenschaftsjournalisten im Verhältnis von Wissenschaft und Öffentlichkeit zu beschreiben ist. Deutlich werden soll auch, welche Probleme ein geschwächter Wissenschaftsjournalismus für öffentliche Debatten mit sich bringen kann und welche Möglichkeiten für eine Weiterentwicklung es gibt. Bei alledem ist stets der klassische Wissenschaftsjournalist gemeint, der seine Recherchen und Berichte mit klarem Fokus auf Natur-, Technik- und Medizinwissenschaften betreibt.

Zu Beginn zeigt die historische Perspektive, dass Journalismus und journalistisches Selbstverständnis immer schon Veränderungsdynamiken unterlegen haben. Zudem wird jedoch erschreckend deutlich, dass die jüngsten Herausforderungen der digitalen Disruption in einer nie gekannten Weise in das Geschäftsmodell, das Selbstverständnis und die Zukunftsperspektiven des Wissenschaftsjournalismus hineinwirken.

---

1 Anneke Meyer, „Über Glauben und Wissen: Irrwege und Irrsinn", 2019, Abs. 13, https://www.deutschlandfunk.de/ueber-glauben-und-wissen-irrwege-und-irrsinn.740.de.html?dram:article_id=445961, besucht am 22.06.2019.

OpenAccess. © 2020 Nicola Kuhrt, publiziert von De Gruyter. Dieses Werk ist lizenziert unter der Creative Commons Attribution-NonCommercial-NoDerivatives 4.0.
https://doi.org/10.1515/9783110614244-006

Wie jeder andere soziale Akteur ist auch ein Journalist unzähligen systemischen Einflüssen unterworfen, sodass er mithin nur in Beziehung zu diesen Bedingungsfaktoren fassbar ist, schreiben Holger Hettwer und Franco Zotta in dem Sammelband *Wissenswelten – Wissenschaftsjournalismus in Theorie und Praxis* von 2008. Gleichwohl, und das sei ebenso banal wie richtig, gehe das Subjekt „Journalist" nicht in diesen Bedingungsfaktoren auf. Journalismus entstehe „stets dort, wo Interessen, Erwartungen, Selbstbilder, Traditionen, ökonomische Strukturen und manches mehr aufeinanderstoßen. Journalistische Identität entfaltet sich in der Auseinandersetzung mit eben diesen Kräfteverhältnissen"[2].

I Der Wissenschaftsjournalist – ein „unentbehrliches Hilfsmittel"

Hettwer und Zotta werfen einen umfassenden Blick auf die Entwicklung des Rollenbilds der Wissenschaftsjournalisten (siehe hierzu auch den Beitrag von Daniel Eggers in diesem Band, S. 61–72). Diese wurden vor allem durch die Wissenschaft lange Zeit als ideale Botschafter zwischen Wissenschaft und Bevölkerung gesehen. Die beiden Autoren zitieren beispielhaft den Philosophen Adolf Dyroff, der in den Zwanzigerjahren die Presse als „unentbehrliches Hilfsmittel zur Verbreitung der Ergebnisse der Wissenschaft"[3] reklamierte. Die Einschätzung der herausragenden Botschafterrolle des Wissenschaftsjournalisten hält sich. Auch in den Siebzigerjahren verlangten Wissenschaftler noch nach „Übersetzern": Die Wissenschaft erschien demnach den Wissenschaftlern selbst als dermaßen „kompliziert und komplex, dass sie dem Rest der Bevölkerung kaum zu vermitteln ist"[4]. Nach Vorstellung vieler Wissenschaftler bestehe „eine Kluft zwischen ihnen und der Öffentlichkeit"[5].

Wissenschaftsjournalisten wurden auch als Aufklärer gesehen, z. B. im Kontext der Diskussion um eine „öffentliche Wissenschaft", die Ende der Sechzigerjahre entstand. „Dabei geht es vor allem um *accountability*, um die Pflicht zur finanziellen Rechenschaft: Die Wissenschaft solle die Öffentlichkeit informieren,

---

[2] Holger Hettwer, Franco Zotta, „Von Transmissionsriemen und Transportvehikeln – Der schwierige Weg des Wissenschaftsjournalisten zu sich selbst", S. 165, in Holger Hettwer et al. (Hg.), WissensWelten. Wissenschaftsjournalismus in Theorie und Praxis, Gütersloh 2008, S. 154–175.
[3] Zit. nach Hettwer, Zotta, a.a.O., S. 155.
[4] Ebd.
[5] Ebd.

um Herz und Hingabe des Steuerzahlers zu gewinnen"[6], schreiben Hettwer und Zotta. Gegenstimmen, die auf die journalistische Aufgabe einer unabhängigen Beobachtung des Wissenschaftssystems hinwiesen, habe es zu dieser Zeit nur wenige gegeben.

Spätestens ab 1995 werde durch Journalistinnen und Journalisten immer häufiger eine wissenschaftskritische Perspektive eingenommen, befinden die Autoren, jetzt werde der Faktor „Haltung" in Bezug auf (wissenschafts-)journalistisches Handeln debattiert. Inzwischen dominiere der von Niklas Luhmann inspirierte und durch Matthias Kohring weiter entwickelte systemtheoretische Blick: Wissenschaftsjournalismus ist demnach „als autonom durchgeführte Beobachtung des wechselseitigen Verhältnisses von Wissenschaft und Gesellschaft"[7] zu verstehen.

Dabei bleibt das Selbstverständnis auch innerhalb der Wissenschaftsjournalisten diffus. Wie der Schweizer Medienwissenschaftler Mike S. Schäfer konstatiert, trägt dazu die Ausweitung und Diversifizierung der Kommunikation über Wissenschaft bei, die ebenfalls spätestens seit den 1990er Jahren erfolgte. Ganz unterschiedliche Akteure seien mittlerweile in der Wissenschaftskommunikation involviert. Nicht mehr nur aus der akademischen Wissenschaft, sondern auch aus Forschungsabteilungen von Unternehmen, aus Fachgremien, NGOs oder politischen Institutionen, dazu der Journalismus und die Blogosphäre.

> [S]ie verfolgen damit unterschiedliche Ziele: Teilweise stellen sie auf Wissensvermittlung, Aufmerksamkeitserzeugung, Beteiligung, Einstellungs- oder Verhaltensänderungen ab, teilweise auf Reputationsmanagement, Rekrutierung, Imageverbesserung oder Brand Building.[8]

Den Wissenschaftsjournalisten schreibt Schäfer die Rolle zu, wissenschaftliche Themen als professionelle externe Beobachter öffentlich darzustellen, wobei die journalistische Vermittlung nicht nur eine sachgerechte „Übersetzung" wissenschaftlicher Ergebnisse sei, sondern „durchaus auch eine kritische Kontrolle und ggf. Kritik selbiger beinhalten kann und sollte"[9].

Diese Definition würden viele Wissenschaftsjournalisten unterschreiben, auch wenn gerade in großen Redaktionen ihre Kompetenz nicht immer genutzt wird. Themen von gesellschaftlicher Relevanz, wie etwa Klimawandel, Künstliche

---

6 Hettwer, Zotta, a.a.O., S. 160.
7 Hettwer, Zotta, a.a.O., S. 161.
8 Mike S. Schäfer, „Wissenschaftskommunikation ist Wissenschaftsjournalismus Wissenschafts-PR ... und mehr", 2017, Abs. 6, https://www.wissenschaftskommunikation.de/wissenschaftskommunikation-ist-wissenschaftsjournalismus-wissenschafts-pr-und-mehr-3337/, besucht am 22.06.2019.
9 Schäfer, a.a.O., Abs. 15.

Intelligenz oder Gentechnik, werden gern allein durch Kollegen etwa der Wirtschafts- oder Politikredaktion behandelt. Nicht immer im wissenschaftlich korrekten Sinne. Kritik an diesem Zustand wird meist hitzig von den Vertretern der einzelnen Ressorts diskutiert. Die einen plädieren dafür, angehende Journalisten in ihrer Ausbildung stets auch in wissenschaftlichen Feldern zu schulen. Dagegen stehen die, die auf die vielen Quereinsteiger in diesem Beruf verweisen und die Frage stellen, warum nicht einfach die Zusammenarbeit zwischen den Ressorts eines einzelnen Verlags gestärkt werden sollte.

Längst sehen sich Wissenschaftsjournalisten nicht nur diesem Spannungsfeld ausgesetzt. Sie sind, genau wie Kollegen anderer Fachrichtungen, mit einer gänzlich geänderten Realität konfrontiert: Wenn Redakteurinnen und Redakteure, wenn freie Journalistinnen und Journalisten ihrer Arbeit in selbstkritischer Manier nachgehen können, fehlt immer öfter dieselbe Resonanz für ihre Arbeit. Sie erreichen nicht mehr ohne Weiteres ein (großes) Publikum. Konnten die Publizierenden früher mehr oder minder davon ausgehenden, dass ihre Veröffentlichungen auch gelesen, gehört oder wahrgenommen werden, ist dies längst keine Selbstverständlichkeit mehr.

II Gewinnt der Influencer-Bambi den Medien-Beef?

Klassische Medien müssen um Aufmerksamkeit kämpfen, Mediendienste melden regelmäßig sinkende Abonnentenzahlen. Immer weniger Menschen lesen Tageszeitungen oder Magazine, auch Online kommen die Texte und Features nicht automatisch bei den Lesern an. Die Veränderungen in der Medienlandschaft zerren massiv an der ökonomischen Basis des Journalismus. In Tageszeitungen werden ganze Redaktionen geschlossen, die Ressorts, die bleiben, werden zusammengelegt. Journalistische Vielfalt geht verloren.

Speziell für den Wissenschaftsjournalismus hat eine Verschiebung der Kräfteverhältnisse im Feld der Wissenschaftskommunikation stattgefunden: „Angesichts der Krise traditioneller Massenmedien – deren Nutzerzahlen ebenso wie ihr Werbevolumen weithin sinken – seien gerade spezialisierte Ressorts wie das Wissenschaftsressort diejenigen, in denen gekürzt werde"[10], schreibt Mike S. Schäfer in Anlehnung an Winfried Göpfert. Andererseits zeige sich momentan „ein deutliches Erstarken von Wissenschafts-PR – d. h. eine Ausweitung und Professionalisierung der Außenkommunikation wissenschaftlicher Institutionen,

---

10 Mike S. Schäfer et al. (Hg.), *Wissenschaftskommunikation im Wandel*, Köln 2015, S. 23.

der gegenüber es der Wissenschaftsjournalismus zunehmend schwer habe"[11] (zur hochschuleigenen Kommunikation siehe auch den Beitrag von Annette Leßmöllmann in diesem Band, S. 73–81).

Die Konkurrenz um die Aufmerksamkeit ist tatsächlich groß. Etwa durch professionell gemachte Blogs und Podcasts, produziert und ins Netz gestellt durch einzelne Wissenschaftler oder Marketingabteilungen großer Forschungsinstitute. Immer mehr Einfluss haben auch Video-Clips auf großen Plattformen wie YouTube. Aktuell bestes Beispiel: Das Video „Die Zerstörung der CDU", das der YouTuber Rezo kurz vor der Europawahl veröffentlichte, erreichte binnen weniger Tage zehn Millionen Menschen – und das mit einem Film, der sich über weite Strecken intensiv mit Fragen des Klimawandels beschäftigt. Rezo zitiert führende Klimaforscher, Mediziner und auch renommierte wissenschaftliche *Journals*, alles ist in einer seitenlangen Quellenliste dokumentiert.[12]

Zunehmende Konkurrenz entsteht auch durch Instagram. Beliebte Instagramer haben Millionen Fans – in ihren neuen Kanälen können sie leicht Debatten entfesseln, wie dies im April dieses Jahres etwa die Stand-Up-Comedienne Enissa Amani zeigte. Sie störte sich an einer Kritik Anja Rützels, Autorin von Spiegel online. Rützel hatte den „About You Award" auf Pro Sieben, eine Art Influencer-Bambi, gesehen und wie üblich in ihrer Medien-Kolumne kommentiert. Die Kritik gefiel Amani nicht, sie kritisierte wiederum Rützel, per Instagram. Unzählige ihrer Fans – rund eine halbe Million – traktierten daraufhin Rützel auf Instagram und per Twitter. Sie habe so etwas, auch die Beschimpfungen in dieser Dimension, noch nicht erlebt, erklärt Rützel später.

„Alt gegen neu" schrieb die *taz* über diesen „Medien-Beef". Eine Entwicklung, die beachtlich ist – vor allem vielleicht für diejenigen, die bisher bereits die Online-Medien (wie Spiegel online) als Sargnagel des herkömmlichen Journalismus betrachteten. Wie auch immer man sich in diesen Fragen positioniert, jeder einzelne kann heute mehr oder weniger ungestört seine Ideen und Gedanken publizieren. Was bleibt Journalisten in einer Zeit, in der ein YouTuber mit einem 55-minütigen Video-Kommentar zehn Millionen Menschen erreicht, wenn er seine Leser erreichen will? Diese Fragen stellen sich nicht wenige Kollegen.

Natürlich hat die mediale Weiterentwicklung viele gute Seiten. Mehr Lesernähe, mehr direkter Diskurs, mehr Debatten, mehr Möglichkeiten, journalistisch zu arbeiten. Aber mit der Zunahme an Plattformen macht sich auch ein oftmals destruktiver Ton in den Foren und Kommentarspalten breit. *Fake News* schaffen es

---

[11] Schäfer et al., a.a.O., S. 24.
[12] Siehe Rezo, „Quellenliste zu ‚Die Zerstörung der CDU'", 2019, https://docs.google.com/document/d/1C0lRRQtyVAyYfn3hh9SDzTbjrtPhNlewVUPOL_WCBOs/preview#, besucht am 20.06.2019.

oft, große Aufmerksamkeit zu erzielen, während die Tatsachen nicht wahrgenommen und Korrekturen kaum vernommen werden. Menschenverachtende und rückwärtsgewandte Gedanken geistern durch die *Social Media*-Kanäle. Geschickt nutzen etwa rechte Gruppen die Chancen aus, die ihnen die neuen Medien bieten. Journalisten werden als „Lügen-Presse" beschimpft.

„Journalisten haben ihre Rolle als Gatekeeper verloren"[13], diagnostiziert Alexander Mäder im Wissenschafts-Medienblog *Meta*. Journalistinnen und Journalisten entschieden nicht mehr darüber, welche Nachrichten und Analysen wichtig genug sind, damit die Öffentlichkeit von ihnen erfährt. „Diese Aufgabe haben zu einem guten Teil die Algorithmen von Google und Facebook übernommen"[14], schreibt Mäder, der heute als Professor an der Hochschule für Medien in Karlsruhe arbeitet. Diese Algorithmen orientierten sich dabei nicht am gesellschaftlichen Interesse, sondern an den Präferenzen der Nutzer und der Menschen in ihrem Umfeld. Die Stärkung des öffentlichen Diskurses sei eine Errungenschaft, die wir nicht aufgeben sollten. Doch sie führe zu einer Flut an Beiträgen, die man als Einzelner kaum überblicken könne.

Gatekeeping hat daher weiterhin einen wichtigen Wert, befindet Mäder: Wissenschaftsjournalisten können die öffentliche Debatte bereichern, weil sie die Dinge aus einer anderen Perspektive beobachten und – möglichst unabhängig von Politik, Wirtschaft und Interessensverbänden – Orientierung geben.

III *Fake News* – ein gesellschaftliches Problem

Wie wichtig der Faktencheck durch Journalisten ist und welche fatalen Auswirkungen es haben kann, dass die Wirkkraft von Wissenschaftsjournalistinnen und Journalisten stark geschwunden ist, zeigt sich am Beispiel der HPV-Impfung in Japan. Seit April 2013 können junge Mädchen in dem Land routinemäßig gegen Gebärmutterhalskrebs geimpft werden. Nur zwei Monate nach der Aufnahme der HPV-Impfung in das Nationale Programm sank die Quote aber wieder von 70 Prozent auf unter ein Prozent – und ist seitdem auch nicht wieder angestiegen. Ein selbsternannter Opferverband hatte öffentlichkeitwirksam per Pressekonferenz, übertragen ins Internet, vor der Impfung gewarnt. Diese sei mit schlimmen Nebenwirkungen verbunden. Die Panik breitete sich durch Fernsehberichte schnell weiter aus.

---

13 Alexander Mäder, „Wer sind wir wenn nicht Gatekeeper?", 2019, Abs. 2, https://www.meta-magazin.org/2018/04/11/wer-sind-wir-wenn-nicht-gatekeeper/, besucht am 22.06.2019.
14 Ebd.

Die Ärztin und Journalistin Riko Muranaka versuchte, der Hysterie etwas entgegen zu stellen. Sie berichtete über die Fakten, also, dass die HPV-Impfung sicher ist und Frauen vor einer schlimmen Krebserkrankung bewahren kann. Doch viele Japaner glaubten an die Geschichte der Impfgegner und dass die böse Pharmaindustrie den Impfstoff erfunden hatte, nur um Menschen krank zu machen und Geld zu verdienen. Im Juni 2013 setzte die Regierung die proaktive Empfehlung für die HPV-Impfung aus. Und so ist es geblieben.

Die Anfeindungen aufgrund ihrer evidenzbasierten Berichterstattung brachten Riko Muranaka dazu, ihre Heimat zu verlassen. 2016 wurde sie von einem impfkritischen Arzt wegen Verleumdung verklagt. Nicht nur, dass seither keine japanische Zeitung Muranakas Berichte über Impfstoffe mehr veröffentlichen will, auch andere kritische Stimmen in ihrem Land wurden durch die Impf-Gegner zum Schweigen gebracht, sagt sie.[15]

Eine Entwicklung, die unter Wissenschaftsjournalisten auch in Ländern außerhalb Japans als bedrohlich wahrgenommen wurde, gerade, wo in vielen anderen Ländern die gleiche „Medienkrise" zu beobachten ist und sich *Fake News* schnell verbreiten. Die Wissenschafts-Pressekonferenz (WPK), Verband der Wissenschaftsjournalisten in Deutschland, lud Muranaka zu einem Pressbriefing nach Berlin, unzählige Medien berichteten über den Fall – um der Wissenschaft zumindest hierzulande wieder eine Öffentlichkeit zu geben.

Falschinformationen in den Medien sind längst zu einem gesellschaftlichen Problem geworden. Doch warum fallen so viele Menschen überhaupt auf *Fake News* herein? Warum halten sie an Überzeugungen fest, die ihnen letztlich schaden? Im zu Beginn dieses Textes genannten Dossier des Deutschlandfunks wird hierzu Cailin O'Connor befragt. Sie ist Professorin für Logik und Wissenschaftsphilosophie an der US-University of California und hat das Feld untersucht.

> Unsere Annahme war, dass Informationen, die man von jemandem bekommt, der anders ist als man selbst, als weniger zuverlässig eingestuft werden. Der Effekt auf die eigene Überzeugung ist nicht so stark, wie wenn jemand etwas sagt, dem wir wirklich vertrauen. Und was wir beobachtet haben, ist: Ein bisschen dieser ungleich verteilten Skepsis reicht aus, das Netzwerk zu polarisieren. Es entstehen zwei Lager, die unterschiedliche Ansichten vertreten und einander so wenig glauben, dass sie niemals einen Konsens erreichen werden.[16]

---

15 Nicola Kuhrt, „Die haben die meisten meiner Berufskollegen zum Schweigen gebracht' – Interview mit Riko Muranaka", 2019, Abs. 13, https://www.spiegel.de/plus/hpv-impfung-die-irrationale-angst-der-impf-gegner-a-00000000-0002-0001-0000-000162407697-amp, besucht am 22.06.2019.
16 Meyer, a.a.O., Abs. 75.

Und mitten in diesen Lagern und Netzwerken recherchieren und publizieren Journalisten. Die Herausforderung, über Wissen und Wissenschaft zu berichten, ist auch deshalb groß. Wissen ist unsicher, wissenschaftliches Wissen durch Vorläufigkeit gekennzeichnet. Während die Wissenschaft versucht, durch Forschung, die Überprüfbarkeit und Wiederholbarkeit zulässt, Verlässlichkeit zu schaffen, arbeiten Wissenschaftsjournalisten mit Quellen. In Zeiten von *Social Media* und *Fake News* muss dies allerdings wesentlich schneller gehen, als das noch vor einigen Jahren der Fall gewesen ist. Zudem hat die pure Arbeitszeit, die einem einzelnen Journalisten für seine Recherche zur Verfügung steht, deutlich abgenommen. Als eine mögliche Antwort auf diese drängende Diskrepanz gründete sich vor drei Jahren das Science Media Center Germany (SMC): Wie und wo schnell verlässliches Fachwissen finden? Woher aussagefähige und aussagewillige Experten für Zitate oder Zusatzinformationen nehmen? Wie zu emotional geführten Debatten rationale Argumente und verifizierte Fakten beisteuern? So beschreibt das Redaktionsbüro, betrieben von mehreren Wissenschaftsjournalisten, seine Aufgabenstellung. Wenn also „aus Hautzellen von Mäusen Eizellen hergestellt werden", ein „autonom fahrendes Auto einen Unfall mit Todesfolge habe" oder „Grenzwerte für Feinstaub und Stickoxide für Diskussionen sorgen", bietet das SMC Journalisten bei der Berichterstattung Unterstützung. Geboten werden Experten-Statements zuvor akkreditierter Wissenschaftler, etwa aus den Feldern Medizin, Umwelt, Mobilität, Energie, Digitalisierung und Künstliche Intelligenz.

IV Es braucht Vertrauen

Letztlich geht es in der aufgeregten Medienwelt um Vertrauen. Es ist das eigentliche Maß aller Dinge. Jeder liest eher Beiträge von Journalisten, denen er vertraut, in Medien, denen er vertraut. Ein elementares Gefühl wird immer mehr zur entscheidenden Basis für (Wissenschafts-)Journalismus. Doch wie kann der einzelne Journalist dieses Vertrauen herstellen?

Früher hatten (Wissenschafts-)Journalisten die Macht zu entscheiden, was wichtig ist, weil ihre Verleger die Druckereien besaßen und somit als Gatekeeper fungieren konnten. Heute müssen sie das Vertrauen der Öffentlichkeit gewinnen, um ihre Aufgaben voll ausüben zu können, schreibt Alexander Mäder. Dazu sollte es nicht reichen, dass Journalistinnen und Journalisten auf das reagieren, was besonders gut nachgefragt wird. Die Versuchung, vor allem mit Themen und Überschriften an die Öffentlichkeit zu gehen, die „gut klicken", sei verständlich und naheliegend. Es geht um das wirtschaftliche Überleben der Verlage – Werbung wird dort geschaltet, wo Unternehmen sich die meisten Leser erhoffen. Nur leider funktioniert auch dieses Geschäftsmodell nicht mehr. Zudem sollten Journalisten nicht vergessen, die Öffentlichkeit auch mit Themen zu konfrontieren, die nicht erwartet werden, schreibt Mäder im Medien-Wissenschaftsblog *Meta*.

Wen „die epidemische Verbreitung von Desinformation im Internet, die gewaltige Kraft der digitalen Medien, aber auch die Vielfalt der Angriffe auf den öffentlichen Vernunftgebrauch" mit Sorge erfülle, der müsse sich für ein funktionierendes Mediensystem stark machen, erklärte Bundespräsident Frank-Walter Steinmeier in einem Interview. Medien trügen dazu bei, „den Zerfall der Gesellschaft zu verhindern", indem sie „geprüfte Informationen bereitstellen, Missstände aufdecken, Lügen entlarven und politische Prozesse nachvollziehbar machen."[17]

V Kommt die redaktionelle Gesellschaft?

Allerdings gibt es Stimmen, die das angeschlagene System des (Wissenschafts-) Journalismus gar nicht mehr erhalten wollen, sondern lieber gleich durch etwas anderes ersetzen möchten. So skizzierte der Philosoph Bernhard Pörksen Anfang Mai auf der *re:publica* in Berlin die Utopie einer redaktionellen Gesellschaft. Es gehöre inzwischen zum Smalltalk der Zeitdiagnostik, dass ein neuer Faschismus drohe, erklärt der Medienwissenschaftler der Universität Tübingen. Drei Prophezeiungen seien laut Pörksen derzeit besonders populär: die *Polit-Dystopie*, die mit der Ausbreitung von sozialen Medien, dem Brexit und der Wahl von Donald Trump das Ende der Demokratie gekommen sieht; die *Kommunikations-Dystopie*, die von der Zerstörung von Respekt und Rationalität in postfaktischen Zeiten handelt, und die *Digital-Dystopie*, die die totale Manipulation durch Technologie behaupte.

Gegen dieses „pauschale Untergangsgerede"[18] stellte Pörksen nun seine Utopie einer redaktionellen Gesellschaft, die eine Stärkung der „Medienmündigkeit für das digitale Zeitalter"[19] vorsieht. Jeder Einzelne soll in die Lage versetzt werden, Informationen von Pseudoinformationen zu unterscheiden, Fakten zu

---

17 Frank-Walter Steinmeier, „Rede auf dem Forum Bellevue zur Zukunft der Demokratie", 2019, https://www.youtube.com/watch?time_continue=266&v=onqnragsBNo, besucht am 20.06.2019.
18 Bernhard Pörksen, „Abstract zum Vortrag ‚Abschied vom Netzpessimismus. Die Utopie der redaktionellen Gesellschaft'", 2019, Abs. 2, https://19.re-publica.com/de/session/abschied-vom-netzpessimismus-utopie-redaktionellen-gesellschaft, besucht am 20.06.2019.
19 Ebd.

erkennen und so „sein eigener journalistischer Gatekeeper zu werden"[20]. Die Grundlage dafür sei schon in der Schule zu legen.

Es ist wichtig und unerlässlich, bereits Kinder und Jugendliche im Umgang mit den (sozialen) Medien zu schulen, sodass sie zum Beispiel sicher einen redaktionellen Text von einem *Advertorial* unterscheiden können. Dass sie wissen, wie sie Fakten finden können und wie sie schnell herausfinden können, ob die unglaublichen Geschichten stimmen, die ihnen etwa auf Facebook angeboten werden. Aber ersetzt der einzelne medienmündige Mensch dann irgendwann den Gatekeeper Journalist? Ich glaube das nicht. Gerade durch die Zunahme des täglichen Informationsflusses, durch allseits platzierte *Fake News* und Kampagnen auf *Social Media* braucht es eher beides: medienmündige Bürger und einen starken Journalismus.

Warum erwägt Pörksen nicht, zunächst den Journalismus, der bisher die Rolle des Gatekeepers innehatte, in seinem Tun zu stärken? Das fragte sich auch Franco Zotta, der die Idee Pörksens und eine ähnliche, formuliert durch den Philosophen Philipp Hübl (man sei selbst „verantwortlich für das, was man glaubt"[21]), deutlich kritisierte.

Seine Gegenrede startete Zotta mit einem Vergleich: Angenommen, in Deutschland würden nach und nach alle Kläranlagen ausfallen. Aus den Hähnen eines jeden Bürgers tropfte immer häufiger statt gefiltertem Trinkwasser eine ziemlich infektiöse Brühe. Wie würde die Öffentlichkeit reagieren, wenn Experten empfehlen würden, dass die Instandhaltung der nationalen Wasserversorgung nunmehr Aufgabe eines jeden einzelnen Bürgers sei und er deshalb aus eigenem Interesse lernen sollte, wie man sich mit Teefiltern und Klebeband daheim einen eigenen Bürger-Wasserfilter basteln kann?

Die Sicherstellung öffentlicher Güter könne nicht primär die Aufgabe des einzelnen Bürgers sein, argumentiert Zotta. Wenn ein öffentliches Gut durch disruptive Prozesse grundlegend erschüttert werde, sei es eine gesamtgesellschaftliche Aufgabe, darauf eine tragfähige Antwort zu finden.

VI Rettet den (Wissenschafts-)Journalismus!

Doch wie man diese Aufgabe bewältigt, wie also das künftige Ökosystem der öffentlichen Kläranlagen für Argumente aussehen wird, ist derzeit offen. Noch wird

---

20 Ebd.
21 Zit. nach Franco Zotta, „Ist jeder selbst dafür verantwortlich, was er trinkt?", 2018, Abs. 3, https://www.meta-magazin.org/2018/03/22/ist-jeder-selbst-dafuer-verantwortlich-was-er-trinkt/, besucht am 20.06.2019.

eher über den Ist-Zustand der Medien diskutiert, nur langsam kommen erste Lösungsansätze ins Spiel.

„Die Diversifizierung der Medienlandschaft verstärkt aber nicht nur den Wettbewerb um die öffentliche Aufmerksamkeit und um Werbeerlöse. Sie fordert auch die Identität des Journalismus heraus"[22], schreiben die Kommunikationswissenschaftlerinnen Birte Fähnrich und Therese Hein.

> Das Herauslösen einzelner Beiträge aus ihrem publizistischen Kontext, also etwa das Posten und Teilen eines Artikels auf sozialen Medien (...), macht es Nutzerinnen und Nutzern schwerer, journalistische Profile eindeutig zu erkennen.[23]

Medien können von der zusätzlichen Distribution durchaus profitieren und im besten Fall neue Zielgruppen für ihre Angebote gewinnen, doch diese kontextfreie Kommunikation könne für die Bekanntheit und die Reputation von Medienmarken auch nachteilig sein, so Fähnrich und Hein. Wenn zudem die Grenzen zwischen Journalismus und Laienkommunikation verwischen, wie etwa in Blogs, ist Journalismus im Internet oft nicht mehr eindeutig erkennbar. Das kann durchaus eine Herausforderung für seine gesellschaftliche Legitimation darstellen.

Erste Projekte, etwa die sogenannten „Indie-Startups", die sich dieser und den anderen genannten Herausforderungen stellen, definieren Journalismus neu, bürgernäher und transparenter. „In der Wahrnehmung der meisten Menschen besteht unser Mediensystem aus dem öffentlich-rechtlichen Rundfunk einerseits und den etablierten Verlagen andererseits. Weniger bekannt ist die langsam wachsende dritte Säule: Indie-Startups. Sie haben keinen großen Verlag im Rücken und verbiegen sich nicht für Werbekunden"[24], beschrieb Journalist Frederik Fischer die Szene. Umso wichtiger sei der Beitrag dieser Startups zu einer divers informierten Gesellschaft. „Im zunehmend harten Kampf um Aufmerksamkeit im Netz können sie sich mit ihren beschränkten Mitteln allerdings nur schwer durchsetzen"[25] (Hinweis: Auch die Autorin dieses Beitrags ist mit MedWatch.de Mitgründerin eines solchen Startups). Aber, ein erster Schritt ist mit ihnen gemacht.

---

22 Birte Fähnrich, Therese Hein, „Journalismus im digitalen Zeitalter", 2019, Abs. 6, https://www.wissenschaftskommunikation.de/journalismus-im-digitalen-zeitalter-22617/, besucht am 22.06.2019.
23 Ebd.
24 Frederik Fischer, „#Netzwende: Indie-Startups suchen (und finden) neue Wege im Journalismus", 2018, Abs. 1, https://medium.com/@FrederikFischer/netzwende-indie-startups-suchen-und-finden-neue-wege-im-journalismus-2b6738469ea9, besucht am 22.06.2019.
25 Fischer, a.a.O., Abs. 2.

Frederik Fischer startete eine erste Sammlung derartiger Unternehmungen, die Liste umfasst aktuell 19 Indie-Startups. Darunter Zwei-Mann-Teams wie „Übermedien", die über die Irrungen und Wirrungen der Medienbranche berichten, oder *Perspektive daily*, eine Plattform für konstruktiven Journalismus. Im Vordergrund stehen in den Geschichten nicht Probleme und Skandale, sondern Lösungsansätze. Fischer nennt auch wissenschaftsjournalistische Projekte wie *RiffReporter*. Dieses ist eine Genossenschaft und bietet online nicht nur Inhalte von renommierten Journalistinnen und Journalisten, sondern stellt (freien) Wissenschaftsjournalisten gleichzeitig eine Infrastruktur, um eben jene Autoren in ihrer Unabhängigkeit zu unterstützen. Das Projekt beschreibt es so: „Freie Journalisten leiden besonders unter den schwierigen Branchenbedingungen. Auf *RiffReporter* können sie zukünftig für ihre Arbeit um Unterstützer werben."[26]

Die Wissenschaftspressekonferenz bringt eine weitere Idee ins Spiel: Der Verband schlägt vor, eine Stiftung für Wissenschaftsjournalismus aufzubauen, um den Transformationsprozess zu gestalten, in dem sich derzeit Journalisten in Zeiten der Medienkrise befinden. Denkbar wäre etwa eine Anschubfinanzierung für journalistische Start-ups, die Förderung von Rechercheprojekten sowie die Finanzierung sogenannter Intermediäre nach dem Vorbild des Science Media Centers. Entscheidend für die WPK bleibt, dass die journalistische Unabhängigkeit gewahrt bleibt – das gelte für private Geldgeber genauso wie für staatliche Mittel. Vorbild könnten zum Beispiel Forschungs- und Filmförderung oder auch Kulturstiftungen sein.

Es wird sich erweisen, welcher Weg der richtige sein wird, den Wissenschaftsjournalismus auf die nächste Stufe zu heben.

---

26 Zit. nach Fischer, a.a.O., Abs. 21.

Daniel Eggers
Kontrolle ist besser

Wer nach der Beziehung von Wissenschaft und demokratischer Öffentlichkeit fragt, rückt damit unweigerlich auch die Beziehung der Wissenschaft zu den Medien in den Fokus. Sucht man unter den oftmals sehr weit gefassten wissenschaftlichen Definitionen des Medienbegriffs nach dem, was wir im Alltag mit dem Ausdruck „Medien" bezeichnen, dann wird man dort fündig, wo Medien über die Funktion definiert werden, Öffentlichkeit herzustellen. Wenn sich aber die klassischen Massenmedien Zeitung, Radio und Fernsehen sowie das Internet wesentlich durch ihren Beitrag zur Herstellung von Öffentlichkeit auszeichnen, dann muss die öffentliche Rolle der Wissenschaft in der Demokratie zu einem beträchtlichen Teil von der Vermittlungsrolle der Medien abhängig sein, also von dem, was die Medien in ihrer Rolle als Vermittler zwischen Wissenschaft und Bürgerschaft zum Thema machen.

So trivial diese Feststellung sein mag: Sie erfordert bereits eine wichtige Einschränkung. Das Bild von den Medien als *Vermittlern* zwischen Wissenschaft und demokratischer Bevölkerung ist in der jüngeren Zeit zunehmend unter Beschuss geraten. Wie sowohl Medienschaffende als auch Kommunikationswissenschaftler betonen, erschöpft sich die Rolle der Massenmedien, und die Funktion des Wissenschaftsjournalismus im Besonderen, nicht im ‚Transfer' von wissenschaftlichen Ergebnissen an ein breites Publikum. Die Aufgabe der medialen Beschäftigung mit der Wissenschaft bestehe stattdessen auch, und sogar vorrangig, darin, die Wissenschaft und ihre Protagonisten kritisch zu begleiten und eine Art von Kontrollfunktion auszuüben (zur Rolle des Wissenschaftsjournalismus siehe auch den Beitrag von Nicola Kuhrt in diesem Band, S. 49–60).

Im Folgenden soll dieses (Selbst-)Verständnis des Wissenschaftsjournalismus genauer unter die Lupe genommen werden, zu dem es, wie mir scheint, in einer demokratischen Gesellschaft keine plausible Alternative gibt. So berechtigt die skizzierte Sicht auf das Verhältnis von Medien und Wissenschaft auch sein mag: Sie wirft eine Reihe von Fragen auf, etwa welche Konsequenzen ein primär auf Kritik und Kontrolle ausgerichteter Wissenschaftsjournalismus längerfristig für die Zusammenarbeit von Wissenschaftlern und Journalisten hat und ob es für eine dezidiert kritische Wissenschaftsberichterstattung überhaupt ein Publikum gibt. Weitere Fragen lauten, welche Kompetenzen Wissenschaftsjournalisten benötigen, um die ihnen zugedachte Rolle erfolgreich ausüben zu können, und ob ihre gegenwärtige Ausbildung diese Kompetenzen ausreichend vermittelt. Vor allem aber ist zu klären, welche Rolle die Wissenschaft ihrerseits gegenüber den Massenmedien einnehmen sollte und ob mit Blick auf diese Frage nicht ganz ähnliche

OpenAccess. © 2020 Daniel Eggers, publiziert von De Gruyter. Dieses Werk ist lizenziert unter der Creative Commons Attribution-NonCommercial-NoDerivatives 4.0.
https://doi.org/10.1515/9783110614244-007

Überlegungen greifen, wie sie zur Begründung der Kontrollfunktion der Medien gegenüber der Wissenschaft ins Feld geführt werden.

I Von der Popularisierung zur Kontrolle

Das Bild des Wissenschaftsjournalisten als einem kritischen Begleiter der Wissenschaft ist in den letzten Jahren zu einem Gemeinplatz geworden. Dies lässt sich auf Matthias Kohrings Monographie *Die Funktion des Wissenschaftsjournalismus* von 1997 zurückführen. Kohring zeichnet nach, wie die Rolle des Wissenschaftsjournalisten nach 1945 lange Zeit nur außerhalb der Kommunikationswissenschaften diskutiert worden ist und sich erst ab Mitte der 1970er Jahre eine umfassendere kommunikationswissenschaftliche Erörterung des Themas entwickelt. Was die kommunikationswissenschaftliche und die nicht-kommunikationswissenschaftliche Debatte jedoch gemein haben, ist, dass die Rolle des Wissenschaftsjournalismus nahezu ausschließlich über die Funktion der ‚Wissenschaftspopularisierung' bestimmt wird.

Kohring charakterisiert diese Funktion durch drei Aspekte: (a) die *Vermittlung* wissenschaftlicher Erkenntnisse, die im Sinne eines Informationstransfers verstanden wird (zu dessen Gelingen der Wissenschaftsjournalismus freilich als ‚Dolmetscher' tätig werden muss, der die Sprache der Wissenschaft in die Sprache der breiten Bevölkerung übersetzt); (b) die *Aufklärung* der Bevölkerung über die gesellschaftliche Bedeutung und den Nutzen der Wissenschaft; und, damit zusammenhängend, (c) die Beförderung der *Akzeptanz* der Wissenschaft angesichts möglicher wissenschafts- und technikfeindlicher Tendenzen in der Bevölkerung.

Kohring belässt es nicht bei einem historischen Überblick. Er setzt sich systematisch mit der Rolle des Wissenschaftsjournalismus auseinander und weist das Paradigma der Wissenschaftspopularisierung explizit zurück. Es schreibe dem Wissenschaftsjournalismus keine eigenständige Funktion zu, sondern leite diese vollständig aus den Interessen der Wissenschaft und anderer gesellschaftlicher Subsysteme her. Damit bleibe es der Rationalität dieser anderen Systeme verhaftet. Kohrings Alternativkonzeption soll auf Grundlage der Luhmann'schen Systemtheorie der Autonomie des Journalismus gerecht werden und den Wissenschaftsjournalismus über eine Funktion charakterisieren, die sich aus der spezifischen Rationalität des Journalismus ergibt.

Der Einfluss von Kohrings Thesen auf die jüngere kommunikationswissenschaftliche Literatur ist unübersehbar.[1] Sie werden von anderen Autoren aber

---

[1] Vgl. etwa Holger Hettwer, Franco Zotta, „Von Transmissionsriemen und Transportvehikeln –

höchst selektiv übernommen: Während der negative Teil von Kohrings Ansatz, also die Zurückweisung der Popularisierungsfunktion, weithin Zustimmung findet, wird seine systemtheoretische Bestimmung der Funktion des Wissenschaftsjournalismus weit seltener geteilt. Kohring sieht die Funktion des Wissenschaftsjournalismus in der Beobachtung der Gesellschaft, und zwar genauer in der Beobachtung „im Hinblick auf Ereignisse, die er als Ereignisse mit Mehrsystemzugehörigkeit für die Ausbildung gesellschaftlicher Umwelterwartungen in der Umwelt des Wissenschaftssystems für geeignet hält"[2]. Autoren, die sich Kohrings Kritik der Popularisierungsthese anschließen, definieren die Rolle der Wissenschaftsberichterstattung dagegen zumeist weniger spezifisch über den Beitrag, den diese zu einer kritischen Öffentlichkeit und zur Kontrolle des Wissenschaftssystems zu leisten vermag.

Für die Verfechter der Kritik- und Kontrollfunktion des Wissenschaftsjournalismus umfasst diese Funktion nicht nur das Aufdecken individuellen wissenschaftlichen Fehlverhaltens (Plagiate, Fälschungen empirischer Befunde). Sie erstreckt sich auch auf die Prüfung wissenschaftlicher Unabhängigkeit und Unparteilichkeit angesichts privater Geldgeber sowie auf die kritische Betrachtung der ökonomischen und institutionellen Rahmenbedingungen wissenschaftlicher Tätigkeit. Daneben besteht sie ganz allgemein in kritischen Nachfragen zu der generellen Ausrichtung der Wissenschaft und den Themen, zu denen geforscht oder eben nicht geforscht wird. Die Argumente, mit denen Kritik und Kontrolle gerechtfertigt werden, beziehen sich auf die gesellschaftlichen Folgen wissenschaftlichen Handelns und die aus diesen Folgen resultierende Verantwortung der Wissenschaft, die dadurch zusätzliches Gewicht erhält, dass die Wissenschaft zum großen Teil durch öffentliche Mittel finanziert wird. Zudem liegt ihnen die Annahme zugrunde, dass die notwendige Kritik und Kontrolle nicht allein aus dem Wissenschaftssystem selbst kommen kann, sondern es einer unparteilichen externen Kontrollinstanz bedarf.

Es ist zweifelhaft, ob diese Funktionsanalyse Kohrings spezifisch systemtheoretischer Vorstellung einer Autonomie des Wissenschaftsjournalismus konsequent Rechnung trägt. Einige der genannten Zielvorgaben, wie etwa die Auf-

---

Der schwierige Weg des Wissenschaftsjournalisten zu sich selbst", und Holger Wormer, „Reviewer oder nur Reporter? Kritik und Kontrolle als künftige Aufgaben des Wissenschaftsjournalismus in der wissenschaftlichen Qualitätssicherung", in Holger Hettwer et al. (Hg.): *WissensWelten. Wissenschaftsjournalismus in Theorie und Praxis*, Gütersloh 2008, S. 154–175 und 176–197, sowie Bernd Blöbaum, „Wissenschaftsjournalismus", in Heinz Bonfadelli et al., *Forschungsfeld Wissenschaftskommunikation*, Wiesbaden 2017, S. 221–238.

2 Matthias Kohring, *Die Funktion des Wissenschaftsjournalismus. Ein systemtheoretischer Entwurf*, Opladen 1997, S. 270.

deckung wissenschaftlichen Fehlverhaltens, entstammen zweifellos der Wissenschaft selbst. Sie sind feste Bestandteile des wissenschaftlichen Ethos und des Ideals wissenschaftlicher Redlichkeit. Andere lassen sich aus den Interessen anderer gesellschaftlicher Systeme ableiten, wie etwa der Politik oder Wirtschaft. Ähnliches gilt für die Argumente, mit denen die Notwendigkeit des kritischen Wissenschaftsjournalismus etabliert werden soll. Es wäre daher unplausibel anzunehmen, die beschriebene Kritik- und Kontrollfunktion sei eine eigenständige Leistung des Journalismus im Sinne Kohrings und Ausdruck einer spezifisch journalistischen Rationalität.

Es gibt freilich gute Gründe, sich Kohrings voraussetzungsreiche Konzeption einer autonomen Funktionsweise des Wissenschaftsjournalismus nicht zu eigen zu machen und im Folgenden von einer theoretisch weniger aufgeladenen Funktionsbeschreibung auszugehen. Während die systemtheoretische Konzeption Kohrings wohl unvermeidlich kontrovers ist, kann die Idee, dass Wissenschaftsjournalisten eine Kritik-und Kontrollfunktion ausüben und ausüben sollten, als kommunikationswissenschaftlicher Ausdruck des *Common Sense* betrachtet werden. Hier setzen die folgenden Ausführungen an, sie versuchen aber über das hinauszugehen, was in den Reaktionen auf Kohrings Analyse bereits ausgeführt worden ist.

II Die Kritik- und Kontrollfunktion

Dass der Wissenschaftsjournalismus das Wirken der Wissenschaft kritisch begleiten und auf diese Weise zur gesellschaftlichen Kontrolle der Wissenschaft beitragen soll, leuchtet unmittelbar ein. Eine rein affirmative Haltung der Medien gegenüber der Wissenschaft, die Wissenschaftsjournalismus auf Wissenschafts-PR reduzieren würde, mag, zumindest kurzfristig, im Interesse der Wissenschaft selbst liegen und Ideen entsprechen, die, zumeist hinter vorgehaltener Hand, von Wissenschaftlern und Wissenschaftsfunktionären verbreitet werden. Sie lässt sich mit Blick auf demokratische Gesellschaften aber kaum rechtfertigen. Die Bevölkerung eines demokratischen Staates bildet das normative Zentrum der Gesellschaft und der gesellschaftlichen Öffentlichkeit. Partikularinteressen und -bestrebungen sind dem öffentlichen Interesse prinzipiell nachgeordnet, selbst solche, die so umfassend und folgenreich sind wie die des Wissenschaftssystems. So wichtig wissenschaftliche Forschung für die Gesellschaft auch sein mag, die Wissenschaft kann ebenso wenig als sakrosankt gelten wie andere gesellschaftliche Institutionen auch. Sie bleibt rechtfertigungsbedürftig, nicht zuletzt, weil sie nur aufgrund der Unterstützung aus der Gesellschaft in der gegebenen institutionalisierten Form möglich ist. Da zudem wenig für die optimistische Einschätzung spricht, die Wissenschaft könne dauerhaft eine hinreichende Kontrolle über sich selbst ausüben, erscheint eine externe Kontrolle unvermeidlich.

Dass die Kritik- und Kontrollfunktion des Wissenschaftsjournalismus den Gegebenheiten moderner Demokratien entspricht, heißt aber nicht, dass sie unproblematisch wäre. Ich möchte hier drei Probleme aufgreifen, die das Verhältnis des Wissenschaftsjournalisten (a) zur Wissenschaft, (b) zum Publikum und (c) zu seiner eigenen Tätigkeit betreffen.

Zunächst stellt sich die Frage, ob eine vorrangig auf Kritik und Kontrolle ausgerichtete Berichterstattung die notwendige Zusammenarbeit zwischen Journalisten und Wissenschaftlern gefährdet, weil sie die Kooperationswilligkeit der letzteren unterminiert. Wissenschaftsjournalisten sind, auch wenn sie sich vorrangig als kritische Begleiter verstehen, darauf angewiesen, dass Wissenschaftler ihre Ergebnisse einem breiteren Publikum zugänglich machen und dieses Ziel mit Hilfe unabhängiger Journalisten erreichen wollen.

Es sind inzwischen Bestrebungen von Universitäten und anderen wissenschaftlichen Einrichtungen erkennbar, eigene Formen und Kanäle der Wissenschaftskommunikation zu etablieren und durch sie eben jene Wissenschaftspopularisierung zu erreichen, die der kritische Wissenschaftsjournalismus ihnen verweigern möchte (zu den verschiedenen Formen der Hochschulkommunikation siehe den Beitrag von Annette Leßmöllmann in diesem Band, S. 73–83). Die Annahme liegt nahe, dass eine konsequentere Ausrichtung des Wissenschaftsjournalismus auf eine kritisch-kontrollierende Berichterstattung diesen Prozess weiter verstärken würde. Die Informationsangebote wissenschaftlicher Einrichtungen mögen kein so breites Publikum erreichen wie die Angebote der Massenmedien. Dies muss aber angesichts der rapiden Entwicklung des Internets und der Internetnutzung sowie der Bedeutung von Wissenschafts-PR für die immer wichtiger werdende Einwerbung externer Forschungsmittel nicht so bleiben.

Das Verhältnis von Wissenschaftsjournalismus und Publikum wirft zudem eigene Fragen auf. Wissenschaftsjournalisten schreiben und senden für eine breite Öffentlichkeit. Ihre Darstellungsweisen können sich daher nicht ausschließlich nach den Interessen der Wissenschaft selbst richten, sondern müssen auch den Interessen des Publikums gerecht werden. Nun kann man annehmen, dass eine kritische Berichterstattung angesichts der weitreichenden Wirkungen wissenschaftlicher Forschung und ihrer öffentlichen Finanzierung im wohlverstandenen Interesse der Bevölkerung ist. Daraus folgt aber keineswegs, dass es tatsächlich einen Markt für sie gibt. Der Blick auf die jüngere Geschichte des Wissenschaftsjournalismus lässt eher an der Existenz eines solchen Marktes zweifeln. Wie von vielen konstatiert wird, beruhte der Boom des Wissenschaftsjournalismus in den 1990er und 2000er Jahren auf Formaten eines reinen ‚Wissensjournalismus', in denen häppchenweise kuriose Forschungsergebnisse präsentiert werden. Eine wesentlich kritische und kontrollierende Berichterstattung stünde dann gegebenenfalls vor dem Problem, nicht nur die Wissenschaftler als Themenlieferanten und Informanten zu verschrecken, sondern auch ihr eigenes Publikum.

Schließlich stellt sich die Frage, ob die Kompetenzen von Wissenschaftsjournalisten ausreichend auf die Ausübung einer Kritik- und Kontrollfunktion abgestimmt sind. Moderne Wissenschaft ist komplex, und die Ergebnisse hochspezialisierter Forschungszweige sind oft so voraussetzungsreich, dass sie auch von Wissenschaftlern im selben Fach nicht mehr vollständig nachvollzogen werden können, geschweige denn von Wissenschaftsjournalisten. Rückt man die Kritik- und Kontrollfunktion des Wissenschaftsjournalismus in den Vordergrund, stellt sich die Frage nach der journalistischen Kompetenz deshalb mit einem ambivalenten Ergebnis.

Die gute Nachricht ist, dass Journalisten als kritische Begleiter Forschungsergebnisse nicht bis ins Letzte nachvollziehen müssen. Der Fokus ihrer Rolle liegt nicht auf inhaltlichen Aspekten, sondern auf der Überprüfung der Einhaltung allgemeiner methodologischer und ethischer Standards sowie darauf, die Verwendung öffentlicher Mittel kritisch zu beobachten. Um diese Aufgaben zu erfüllen, bedarf es keines detaillierten Verständnisses von Spezialfragen einzelner Forschungsgebiete.

Die schlechte Nachricht ist, dass die gegenwärtige Ausbildung von Wissenschaftsjournalisten den Erwerb der dafür relevanten Kompetenzen keineswegs sicherstellt. Sie besteht oftmals in einem fachwissenschaftlichen Studium oder einer Journalismusausbildung mit fachwissenschaftlichem Schwerpunkt. Für einen primär kritisch verstandenen Wissenschaftsjournalismus wäre eine andere Art der Ausbildung notwendig, die schwerpunktmäßig methodische, wissenschaftsethische und wissenschaftsökonomische und allgemeiner wissenschaftstheoretische Kompetenzen vermittelt.

Die Idee eines kritisch-kontrollierenden Wissenschaftsjournalismus steht folglich ernstzunehmenden Umsetzungsproblemen gegenüber, die noch über die Probleme hinausgehen, die sich aus den gegenwärtigen Umwälzungen des Mediensystems ergeben (zu letzteren siehe die Darstellung von Nicola Kuhrt in diesem Band, S. 49–60). Ihnen mag es geschuldet sein, dass kritischer Wissenschaftsjournalismus eher uneingelöstes Ideal denn mediale Realität ist und mitunter ein Rückfall des Wissenschaftsjournalismus in eine rein popularisierende Betrachtung der Wissenschaft konstatiert wird.[3]

---

[3] Vgl. z. B. Holger Wormer, „Vom Public Understanding of Science zum Public Understanding of Journalism", S. 433, in Bonfadelli et al. (Hg.), a.a.O., S. 429–451.

Ein Mangel an Kooperationsbereitschaft auf Seiten der Wissenschaftler stellt dabei das geringste Problem dar. Viele Wissenschaftler erkennen die gesellschaftliche Notwendigkeit eines kritischen Wissenschaftsjournalismus und sehen, dass dieser langfristig im Interesse der Wissenschaft selbst liegt. Es ist daher nicht zu befürchten, dass kritischen Wissenschaftsjournalisten irgendwann nichts mehr angeboten würde. Eine journalistische Ausbildung, die gezielt auf die Anforderungen eines kritischen Wissenschaftsjournalismus abgestimmt ist, erscheint dagegen dringend notwendig. Wenn das breite Publikum eher an einem unkritischen Wissensjournalismus interessiert ist, wird eine verbesserte Ausbildung jedoch nur in Kombination mit anderen Maßnahmen eine kritische Wissenschaftsberichterstattung ermöglichen, wie etwa der Befreiung der öffentlich-rechtlichen Medien von Quotenerwartungen.

III Die Kritik- und Kontrollfunktion der Wissenschaft

Die aus meiner Sicht wichtigste Frage betrifft nicht die praktische Umsetzung der journalistischen Kritik- und Kontrollfunktion. Sie bezieht sich vielmehr auf die Rolle, die umgekehrt der Wissenschaft gegenüber den Medien zukommt. Die Wissenschaft darf nicht lediglich als Lieferant von Forschungsergebnissen betrachtet werden, die von Journalisten kritisch geprüft und verbreitet werden. Vielmehr muss sie ihrerseits die Rolle eines kritischen Begleiters gegenüber den Medien einnehmen, und zwar nicht nur in Bezug auf den Wissenschaftsjournalismus. Ein zentraler Aspekt wissenschaftlicher Medienkritik besteht darin, die mediale Darstellung und Diskussion wissenschaftlicher Inhalte systematisch zu prüfen und zu kommentieren. Ein weiterer Aspekt sollte aber darin bestehen, systematische Ansätze zu einer allgemeineren Medienethik zu entwickeln und ethisches Medienverhalten dann auch konsequent einzufordern.

Dass die modernen Massenmedien angesichts ihres Einflusses und ihrer vielfältigen Verflechtungen mit Wirtschaft und Politik einer kritisch-kontrollierenden Betrachtung bedürfen, ist offensichtlich. Ebenso sollte außer Frage stehen, dass die Medien diese Betrachtung nicht, oder nicht vollständig, aus sich selbst heraus leisten können. In kommunikationswissenschaftlichen Beiträgen zur Medienethik wird manchmal die Auffassung vertreten, Medienethik könne vornehmlich oder gar ausschließlich in einer Selbstregulierung des Mediensystems bestehen. Dem liegt aber zumeist die fragwürdige Überzeugung zugrunde, normativ-moralische Fragen seien keiner systematisch-wissenschaftlichen Klärung fähig. Löst man sich von dieser Überzeugung, bleibt unverständlich, warum man auf eine bloße Selbstregulierung der Medien vertrauen sollte. Warum sollte sich ausgerechnet das Mediensystem in ausreichender Weise selbst kontrollieren können, die Wissenschaft aber nicht?

Im Gegenteil ist zu vermuten, dass die Medien einer externen Kritik und Kontrolle eher in noch größerem Maße bedürfen als die Wissenschaft. Die meisten Medieninstitutionen sind Wirtschaftsunternehmen und damit in einer Weise ökonomischen Interessen unterworfen, wie dies für wissenschaftliche Institutionen nicht gilt, auch wenn man die Verflechtungen von Wissenschaft und Wirtschaft und die zunehmende Drittmittelabhängigkeit wissenschaftlicher Forschung in Rechnung stellt. Wissenschaftliche und journalistische Arbeiten unterscheiden sich zudem typischerweise in der Art, in der auf die Arbeit von Kollegen Bezug genommen wird. Die kritische Aufarbeitung der Beiträge anderer Forscher oder Autoren, die bis zur vollständigen Zurückweisung der betreffenden Ansätze und Ergebnisse reichen kann, ist ein integraler Bestandteil der wissenschaftlichen Diskussion. Von jeder Dissertation und wissenschaftlichen Veröffentlichung wird erwartet, dass sie die Defizite der bestehenden Forschung explizit benennt und kritisch über bekannte Ergebnisse hinausgeht. Sieht man von wenigen Gegenbeispielen ab, wie etwa dem dezidiert medienkritischen Blog „Übermedien" der Journalisten Stefan Niggemeier und Boris Rosenkranz, ist die journalistische Berichterstattung durch keinen vergleichbaren kritischen Bezug auf bereits veröffentlichte Arbeiten gekennzeichnet. Wenn interne Medienkritik stattfindet, dann werden zumeist weder konkrete Veröffentlichungen noch Namen genannt. Eher werden in abstrakter Weise problematische Tendenzen in der Berichterstattung zu bestimmten Themen oder Ereignissen kritisiert. Man kann sich daher nicht des Eindrucks erwehren, dass die journalistische Arbeit durch ein über das eigene Unternehmen oder Medium hinausgehendes Loyalitätsgebot reguliert wird, ein Loyalitätsgebot, das es so in der Wissenschaft nicht gibt und das einer effektiven Selbstkontrolle der Massenmedien im Weg steht.

Wenn eine erfolgreiche Selbstregulierung vom Mediensystem nicht erwartet werden kann, lautet die nächste Frage, wer als externe Kontrollinstanz in Frage kommt. In der medienethischen Literatur findet sich mitunter der Hinweis, die Kontrolle der Medien müsse durch die ‚Zivilgesellschaft' geleistet werden.[4] Was damit genau gemeint ist, bleibt aber unklar. Dass die breitere Bevölkerung die geforderte Kritik- und Kontrollfunktion erfüllen kann, erscheint trotz vorhandener Einflussmöglichkeiten des Publikums naiv. Dass Kritik und Kontrolle in der Hand von Unternehmen, Interessengruppen oder auch speziell zu diesem Zweck gegründeten Vereinen liegt, erscheint nicht wünschenswert. Die Wissenschaft ist

---

4 Vgl. etwa Jörg Alsdorf, *Medienethik und Medienkritik. Wege zu einer politischen Philosophie der Medien*, Saarbrücken 2007, S. 104.

besser als andere gesellschaftliche Einrichtungen für die betreffende Rolle geeignet.

Wie schon angedeutet, umfasst die anvisierte Rolle der Wissenschaft mehrere Aspekte, die einander ergänzen, aber grundsätzlich unabhängig voneinander sind. Auf der einen Seite ist dies die fachwissenschaftliche Kontrolle der journalistischen Darstellung wissenschaftlicher Inhalte und allgemein die Kontrolle des Wahrheitsgehalts journalistischer Aussagen. Irreführende oder schlicht falsche Darstellungen komplexer Zusammenhänge sind in den Medien an der Tagesordnung. Angesichts der Art und Weise, wie (tagesaktuelle) Berichterstattung unvermeidlich produziert wird, wäre alles andere auch überraschend. Viele gesellschaftliche Institutionen und Interessengruppen kommentieren die Berichterstattung, die sie betrifft, und kritisieren mögliche Fehldarstellungen in öffentlich sichtbarer Weise. Aus der Wissenschaft gibt es dagegen vergleichsweise wenig Bemühungen, die relevante Berichterstattung einem Faktencheck zu unterziehen und die Ergebnisse dieses Faktenchecks gezielt zu kommunizieren (siehe zu diesem Punkt auch die Überlegungen von Annette Leßmöllmann in diesem Band, S. 73–83).

Die hier geforderte Art der wissenschaftlichen Medienkritik kann vielfältige Formen annehmen. Sie beginnt mit der gezielten Kommentierung einzelner Veröffentlichungen durch Leserbriefe, Posts oder ausführlichere Gegenveröffentlichungen. Sie umfasst aber auch allgemeinere Analysen problematischer Darstellungsweisen, für die etwa Gerd Gigerenzers, Thomas Bauers und Walter Krämers Veröffentlichungen zum journalistischen Umgang mit Statistiken ein Beispiel liefern. Sie kann sowohl von individuellen Wissenschaftlern als auch von wissenschaftlichen Verbänden oder Dachorganisationen artikuliert werden. Und sie kann über (Online-)Zeitungen oder Radio- und Fernsehformate kommuniziert werden, aber auch über wissenschaftseigene Kanäle.

Eine wissenschaftliche Medienkritik sollte alle diese Formen nutzen. Es reicht nicht, die Aufgabe der kritischen Kommentierung an wissenschaftliche Gesellschaften oder Wissenschaftsverbände abzugeben und diese dann frei schalten und walten zu lassen. Dies hätte vermutlich zur Folge, dass nur der wissenschaftliche *Mainstream* öffentlich verteidigt wird und Minderheitenpositionen und innerwissenschaftliche Kontroversen zu wenig Gewicht erhalten. Eine funktionierende wissenschaftliche Medienkritik ist folglich darauf angewiesen, dass Wissenschaftler eine individuelle medienkritische Verantwortung anerkennen. Umgekehrt sollte wissenschaftliche Medienkritik sich aber nicht in zahllosen unverbundenen Verlautbarungen einzelner Wissenschaftler zu einzelnen Berichten erschöpfen, sondern sinnvoll koordiniert und gebündelt werden.

Die Aufgabe einer wissenschaftlich-fundierten Überprüfung journalistischer Inhalte leitet sich aus Prinzipien ab, die für die journalistische Aufgabenbeschreibung und das journalistische Selbstverständnis ohnehin kennzeichnend sind, vor allem aus dem Ideal einer objektiven Berichterstattung. Sie leitet sich daneben aus der grundsätzlichen Verantwortung der Wissenschaft ab, ihre Ergebnisse öffentlich zu kommunizieren und sich aktiv um einen ‚Wissenstransfer' in die Gesellschaft zu bemühen. Diese Verantwortung wird von Wissenschaftlern und Forschungseinrichtungen zunehmend anerkannt. Es wird aber zu wenig gesehen, dass sie vernünftiger Weise die Verantwortung einschließen muss, mediale Verzerrungen wissenschaftlicher Erkenntnisse öffentlich sichtbar zu kommentieren und ihnen konsequent entgegenzuwirken.

Gleichwohl sollte klar sein, dass sich kritikwürdiges journalistisches Fehlverhalten nicht auf die fehlerhafte Darstellung von Inhalten beschränkt. Wissenschaftliche Medienkritik muss deshalb über einen reinen Faktencheck hinausgehen. Sie muss die Entwicklung einer genuinen Medienethik zum Ziel haben, also einer systematischen Vorstellung von dem, was legitimes Medienhandeln ausmacht und ihm prinzipielle normative Grenzen setzt.

Die hier angedeutete Form einer praxisbezogenen aber zugleich wissenschaftlich-theoretischen Reflexion ethischer Fragestellungen ist aus Bereichen vertraut, die unter dem Begriff der Angewandten Ethik zusammengefasst werden. Zu den prominenten Gegenständen der Angewandten Ethik zählen Fragen der Medizin- und Bioethik, wie die moralische und rechtliche Bewertung von Schwangerschaftsabbrüchen, Stammzellforschung oder Sterbehilfe, und Fragen der Umwelt- und Technikethik, wie die Bewertung genetisch veränderter Lebensmittel oder der Kernenergie.

Die Angewandte Ethik ist zurecht als „hybrides"[5] Unternehmen charakterisiert worden: Sie ist zum einen eine akademische Disziplin, zu der verschiedene Fächer ihren Beitrag leisten; zum anderen ist sie, über klinische Ethikkomitees, Ethikkommissionen und andere Gremien der Politikberatung, zu einem Teil der praktischen und politischen Entscheidungsfindung geworden (zur Rolle von Ethikkommissionen und Ethikräten in der Politikberatung siehe den Beitrag von Silja Vöneky in diesem Band, S. 35–46). Diese Doppelrolle der Angewandten Ethik als akademisches Fach und als Teil außeruniversitärer Institutionen ist in der Sache selbst begründet und kann nicht einfach zugunsten eines der beiden Aspekte aufgegeben werden.

Die Debatten der Angewandten Ethik gehen typischerweise auf Wertkonflikte zurück, wie den Konflikt zwischen dem Wert des Lebens und dem Recht auf körperliche Selbstbestimmung. Gleiches gilt für die Debatten der Medienethik, die

---

[5] Kurt Bayertz, „Was ist Angewandte Ethik?", S. 166, in Ach, J. et al. (Hg.), *Grundkurs Ethik. Bd. 1: Grundlagen*, Paderborn 2008, S. 165–179.

oft durch den potenziellen Konflikt von Meinungs- und Pressefreiheit auf der einen und Menschenwürde und allgemeinem Persönlichkeitsrecht auf der anderen Seite motiviert sind. Um solche Konflikte angemessen zu reflektieren und aufzulösen, braucht es mehr als einen Kompromiss im Zuge der politischen Willensbildung. Es braucht eine theoretische Vorstellung davon, worauf diese Werte beruhen, wie sich sich zueinander verhalten und wie sie gegeneinander abgewogen werden sollten. Eine solche Vorstellung kann nur eine interdisziplinäre wissenschaftliche Debatte liefern.

Da eine wissenschaftliche Medienethik bereits existiert, könnte man freilich denken, dass es hier gar keinen Handlungsbedarf gibt. Die Medienethik ist gegenwärtig aber weit davon entfernt, ein florierender Forschungszweig zu sein, was angesichts von Schlagworten wie *Fake News*, alternative Fakten und ‚Lügen-Presse' überrascht. Medienethik ist allzu oft Medienapologetik. Sie ist dies nicht zuletzt, weil von ihr in der Regel erwartet wird, die bestehenden Medienstrukturen und den Arbeitsalltag von Journalisten mit seinen zeitlichen und ökonomischen Zwängen zu respektieren – was einer ernstzunehmenden ethischen Betrachtung enge Grenzen setzt. Hinzu kommt eine erkennbare Scheu vor eindeutigen moralischen Festlegungen, die zu einem gewissen Teil auf eine systemtheoretische Prägung zurückzuführen sein dürfte. Die Mehrzahl medienethischer Veröffentlichungen liefert einen Überblick über zentrale Aspekte und Fragen der Medienethik und nennt daneben einige prominente theoretische Ansätze, wie etwa die an Habermas orientierte Diskursethik. Sie liefert aber kaum konkrete Handlungsanweisungen und explizite moralische Bewertungen. Genau diese sind es aber, die man von einer Angewandten Ethik erwarten muss, und zwar auch dann, wenn sie nicht als politische Institution betrieben und verstanden wird, sondern als Wissenschaft.

Hat die Wissenschaft überhaupt die Macht, das Handeln von Medienakteuren und die diesem Handeln zugrunde liegenden Strukturen zu verändern? Um diese Frage zu beantworten, hilft ein Wechsel der Perspektive und Vergleich mit dem, was umgekehrt die Medien erreichen oder eben nicht erreichen können. Obwohl die Kritik wissenschaftlichen Fehlverhaltens durch die Medien manchmal direkte Konsequenzen hat (Rücktritte, die Beendigung von ethisch fragwürdigen Forschungsprojekten), läuft die Kritik- und Kontrollfunktion insgesamt eher darauf hinaus, zu einem differenzierteren gesellschaftlichen Diskurs über die Wissenschaft beizutragen. Die kritisch-kontrollierende Berichterstattung nimmt so allenfalls mittelbar auf die Realität wissenschaftlicher Forschung Einfluss. Dazu ist aber auch die Wissenschaft in Bezug auf die Medien in der Lage. Auch sie kann wichtige Anstöße zu einem gesellschaftlichen Diskurs über die Medien leisten und so langfristig das Bild legitimen Medienhandelns beeinflussen. Darüber hinaus kann sie über Ethikkommissionen und Ethikräte auch in direkterer Weise

Einfluss gewinnen. Es gibt folglich keine zwingenden Gründe, einer wissenschaftlichen Medienethik die praktische Relevanz abzusprechen.

Ich möchte meine Ausführungen mit zwei Bemerkungen abschließen, die ebenfalls die praktische Relevanz des hier Skizzierten betreffen. Erstens, es hieße die vorangegangen Überlegungen gründlich misszuverstehen, wollte man sie im Sinne eines von der Wissenschaft an die Medien gerichteten ‚Ätsch, dann kritisieren und kontrollieren wir euch auch' deuten. Das größte Hindernis für wissenschaftliche Medienkritik besteht nicht in der (sicherlich vorhandenen) Abneigung von Medienschaffenden, die Notwendigkeit externer Kritik und Kontrolle anzuerkennen und der Wissenschaft dabei eine legitime Rolle zuzugestehen. Es besteht in der Weigerung von *Wissenschaftlern*, diese Rolle und die zugrunde liegende gesellschaftliche Verantwortung anzuerkennen. Meine Überlegungen verstehen sich deshalb als kritischer Aufruf an Wissenschaftler, sich als Medienkritiker und Medienethiker zu betätigen, nicht so sehr als Aufruf an die Medien, sich bereitwilliger kritisieren und kontrollieren zu lassen.

Zweitens, die Notwendigkeit einer wissenschaftlichen Medienkritik und Medienethik ergibt sich nicht daraus, dass es keine öffentliche Kritik der Massenmedien gäbe, sondern daraus, *dass* es sie gibt. Es mehren sich in jüngerer Zeit die Stimmen, die das Agieren von Journalisten fundamental in Frage stellen, und zwar nicht nur mit Blick auf die im engeren Sinne politische Berichterstattung, sondern auch mit Blick auf umfassendere gesellschaftspolitische Themen wie Gleichberechtigung und Sexismus. Was eine systematische, wissenschaftliche, am Ideal rationaler unparteilicher Begründung orientierte Medienethik notwendig und wichtig macht, ist nicht ein allgemeines Schweigen über individuelles journalistisches Fehlverhalten oder Fehlentwicklungen des Mediensystems. Es sind die undifferenzierten, von handfesten politischen und anderen Interessen motivierten Klagen über *Fake News*, die ‚Lügen-Presse' und die vermeintliche mediale Aushöhlung der Meinungsfreiheit. Diese Stimmen werden uns auch in Zukunft weiter begleiten, und wer ihnen mehr entgegensetzen möchte als eine Generalverteidigung der Medien und eine Pauschalkritik des ‚Populismus', der braucht eine wissenschaftliche Medienkritik.

Annette Leßmöllmann
Hochschulkommunikation und Gemeinwohl

I Auftakt

Hochschulen[1] sind heute weit mehr als Orte des Lernens und Forschens für Hochschulangehörige. Dies zeigt sich daran, dass sie mit vielen gesellschaftlichen Teilsystemen verknüpft sind und im Wechselspiel stehen: Politik, Wirtschaft und Zivilgesellschaft kooperieren mit Hochschulen oder nehmen ihre Leistungen in Anspruch, welche die Öffentlichkeit kommentiert und kritisiert. Als Orte der Erkenntnisgewinnung, und damit des Aushandelns dessen, was als verlässliches, unsicheres oder auch Nicht-Wissen anzusehen ist, stehen sie in der Mitte der Gesellschaft. Für Wissensgesellschaften bilden Hochschulen einen wesentlichen Anlaufpunkt. Die enge Verknüpfung von Wissen, Rationalität und Demokratie weist ihnen eine besondere Rolle zu: Sie sind dem Gemeinwohl verpflichtet, als Orte von Forschung, Lehre, Publikation und Kommunikation, die digital oder analog konsultiert werden können und mit denen ein Austausch möglich ist. Hierfür ist Vertrauen nötig, ohne das kein Wissen ausgetauscht oder gewonnen werden kann (etwa durch *Citizen Science*). Misstrauen gegenüber den Hochschulen erwächst, wenn diese allein in ihrem eigenen Interesse oder in direkter Abhängigkeit von Geldgeberinteressen agieren. Betrachtet man Hochschulen aus dem Blickwinkel der Organisationskommunikation, kann deren Kommunikation immer nur so gut oder schlecht, so richtig oder falsch sein, wie die Hochschule organisatorisch aufgestellt ist. Dies betrifft vor allem, wie sie sich den äußeren Anforderungen stellt, die aus Legitimationsansprüchen und Wettbewerb resultieren.

II Hochschulen, umgekrempelt

Wer heute 50 Jahre oder älter ist und das deutsche Hochschulsystem sowohl als Student*in wie auch als Hochschullehrer*in erlebt hat und erlebt, wird von zwei Welten sprechen können. Vor Bologna-Reform, Exzellenzinitiative und breiter Akademisierung waren Hochschulen in ihrer Organisationsweise ganz anders aufgestellt. Begriffe wie „Dachstrategie", „Prozessleitung", „Akkreditierung"

---

[1] Ich fasse unter diesen Begriff im Folgenden Universitäten, Fachhochschulen, Kunst- und Musikhochschulen sowie Pädagogische Hochschulen.

OpenAccess. © 2020 Annette Leßmöllmann, publiziert von De Gruyter. Dieses Werk ist lizenziert unter der Creative Commons Attribution-NonCommercial-NoDerivatives 4.0.
https://doi.org/10.1515/9783110614244-008

oder „Innovationsmanagement" waren für sie noch weitgehend bedeutungslos. Zwar gibt es Konstanten, wie z. B. einen gewissen Antagonismus zwischen wissenschaftlichem Personal und Verwaltungspersonal oder bestimmte Gremienrituale. Die Anforderungen haben sich aber stark verändert, und Hochschulen haben Aktivitäten entfaltet, die an andere Organisationsformen erinnern, etwa an die von Unternehmen.

Doch obwohl das Leitbild einer „unternehmerischen Universität" viele Reformen begleitete,[2] sind Hochschulen, zumindest im deutschsprachigen Kontext, keine Unternehmen. Das sogenannte *Academic Heartland*, der akademische Kern von Hochschulen, genießt trotz „Managerialisierung" oder „Professionalisierung" Freiheiten, die in Unternehmen kaum vorhanden sind. Diese betreffen die grundgesetzlich verbriefte Freiheit von Forschung und Lehre, aber auch andere Freiheiten, etwa die, sich ohne Abstimmung mit der zentralen Kommunikationsabteilung öffentlich zu äußern.

Hochschulen sind immer noch Orte der Verschränkung von Forschung und Lehre. Sie sind Orte, an denen Wissen zertifiziert und für Forschung und Lehre, aber auch für die Öffentlichkeit aufbereitet wird. Hochschulen sind für viele gesellschaftliche Gruppen und Stakeholder Anlaufstellen, allen voran die Studierenden und der akademische Nachwuchs, aber auch Unternehmen, Politik, NGOs und Bürger*innen. Doch die Art und Weise, wie sie diese Anforderungen ausfüllen, ist in den vergangenen Jahrzehnten eine andere geworden. Die Hochschulkommunikation wird in ihrer Komplexität nicht verständlich, wenn sie allein aus dem Blickwinkel einer Unternehmenskommunikation gesehen wird. Es lohnt sich ein Blick auf die Veränderungen, die Hochschulen in den vergangenen Jahrzehnten durchlaufen haben.[3]

Zunächst einmal ist schieres Wachstum zu diagnostizieren. Lag die Studienanfängerquote laut Statistischem Bundesamt in Deutschland im Jahr 2001 noch bei 36,1%, so stieg sie bis zum Jahr 2012 auf 55,9% an. Zudem hat sich das Hochschulstudium, was die Studienangebote betrifft, deutlich diversifiziert, was auch die Möglichkeiten des Hochschulzugangs erweiterte. Das Studium insgesamt hat sich internationalisiert.

Mit dem „New Public Management", d. h. der Übernahme privatwirtschaftlicher Managementtechniken zur Effizienzsteigerung, wurde eine neue Organisationskultur etabliert. Sie geht einher mit einer Stärkung der Universitätsleitung, einer Schwächung von Gremien und Selbstverwaltung und dem Versuch einer

---

[2] Sabine Maasen, Peter Weingart, „Unternehmerische Universität und neue Wissenschaftskultur", *die Hochschule*, Heft 1, 2006, S. 19–45.
[3] Siehe etwa Otto Hüther, Georg Krücken, *Hochschulen. Fragestellungen Ergebnisse und Perspektiven der sozialwissenschaftlichen Hochschulforschung*, Wiesbaden 2016.

Einhegung der „organisierten Anarchie"[4], wie der Organisationstyp Hochschule gerne charakterisiert wird. Durch eine Orientierung an messbaren Kennzahlen, etwa eingeworbener Drittmittel oder der Anzahl der Neueinschreibungen, wird der akademische Kernbereich in ein entsprechendes Berichtswesen sowie in Maßnahmen der Qualitätskontrolle eingebunden. Das Verhalten der Wissenschaftler*innen kann durch *Incentives* gesteuert werden (z. B. durch Förderungen bestimmter Publikationstätigkeiten oder Outreach-Aktivitäten).

Großreformen wie der Bologna-Prozess haben auch in der Lehre zu einer stärkeren Orientierung an messbaren Qualitätsmerkmalen und zu expliziten Lernzielen geführt, aber auch zu stärkerer Teamarbeit unter den Lehrenden, denn Modulhandbücher und Studiengangsberichte müssen nun gemeinsam erarbeitet werden.

Viele dieser Prozesse brachten die sogenannten „neuen Hochschulprofessionen"[5] mit sich, wie das Studiengangs- und Qualitätsmanagement und die Forschungsförderung, die weder der traditionellen Verwaltung noch dem wissenschaftlichen Bereich zuzuordnen sind, sich aber mit beiden überschneiden. Eine letzte Veränderung wurde durch die stärkere Autonomisierung der Hochschulen bewirkt, die nun eigenverantwortlicher und unabhängiger von Ministerien agieren. Diese jetzt autonomer handelnden Hochschulen treffen auf neue Förderanreize, die ihre Profilbildung herausfordern – wie etwa die Exzellenzstrategie für Universitäten.

III Hochschulkommunikation, gewandelt

Autonomisierung und die stärkere Ausrichtung auf individuelle Profile fördern eine entsprechende Kommunikation nach innen und außen, sei es, um Veränderungsprozesse zu begleiten, sei es, um Selbstverständnisse zu entwickeln und an alle Stakeholder zu vermitteln. Die Hochschulkommunikation entfaltet sich auf vielfältige Weise, was nach einer Definition verlangt, die verschiedenen Kommunikationsformen gerecht wird: Public Relations oder Marketing *von Hochschulen*, Hochschuljournalismus *über Hochschulen*, interne Kommunikation *in Hochschulen* sowie die Kommunikation einzelner Akteure nach innen oder außen mit aufklärerischem Impetus. Sie ist keineswegs eingeschränkt auf Hoch-

---

4 Michael D. Cohen et al., „A Garbage Can Model of Organizational Choice", *Administrative Science Quarterly*, 17, 1972, S. 1–25.
5 Christian Schneijderberg et al. (Hg.), *Verwaltung war gestern? Neue Hochschulprofessionen und die Gestaltung von Studium und Lehre*, Frankfurt am Main 2013.

schul-PR, auch wenn dieser Ausdruck manchmal synonym mit „Hochschulkommunikation" verwendet wird. Fähnrich und Kolleg*innen verstehen unter Hochschulkommunikation deshalb in einem weiten Sinne „alle Formen von Kommunikation in, von und über Hochschulen inklusive ihrer Produktion, Inhalte, Nutzung und Wirkungen, die von Akteuren innerhalb und außerhalb der Hochschule erbracht werden"[6].

Diese weite Definition schließt die unterschiedlichsten Akteure ein: die zentrale Kommunikationsabteilung ebenso wie den Doktoranden, der für eine Arbeitsgruppe den Twitterkanal betreut; die Kommunikatorin eines Sonderforschungsbereichs (SFB) ebenso wie die Mathematikprofessorin, die bei einer Kinder-Uni-Veranstaltung auftritt. Die weite Definition hat zum einen den Charme, die Vielfalt, die Abgrenzungen und die Gegenläufigkeiten dieser verschiedenen Kommunikationsweisen aufzugreifen. So erlaubt sie, die institutionelle, strategische Kommunikation einer Hochschule auch im Kontrast zur Kommunikation einzelner Hochschulangehöriger zu betrachten, die sich nicht notwendigerweise ihrer Institution verpflichtet fühlen, aber dennoch zur Organisationskommunikation beitragen.

Zum anderen erlaubt sie, die Vielfalt kommunikativer Prozesse zu erfassen, etwa über die verschiedenen Ziele, die Akteure wie die erwähnte Mathematikprofessorin leiten können: Nachwuchsgenerierung (auch „Studierendenmarketing" genannt), Aufklärungswille, Darstellung der eigenen Forschungsleistung (vulgo: Wissenschafts-PR) oder Aufmerksamkeit für die eigene Institution (was als institutionelle Wissenschafts-PR bezeichnet werden kann). Der Auftritt der Professorin fällt unterschiedlich aus, je nachdem, welches kommunikative Interesse im Vordergrund steht.

Es lohnt sich, nicht nur die Vielfalt der Hochschulkommunikation in den Blick zu nehmen, sondern sie auch im Sinne einer Organisationskommunikation aufzufassen.[7] Ein solcher Ansatz hat den Vorteil, den für die Organisation konstitutiven und formenden Charakter der Kommunikation in den Blick zu bringen. Die Hochschulorganisation kann sich (auch) durch die Kommunikation erzeugen: Durch eine Pressemitteilung, aber auch durch ein Mitarbeitermagazin, Webseiten oder Logonutzung werden Identitäten gemanagt und Grenzen zu anderen Organisationen gezogen.

Die Besonderheiten der Organisation „Hochschule" schlagen sich dabei direkt in den Kommunikationsaktivitäten nieder: Anders als in Unternehmen kön-

---

6 Birte Fähnrich et al. (Hg.), *Forschungsfeld Hochschulkommunikation*, Wiesbaden 2019, S. 8.
7 Vgl. u. a. Christiane Hauser et al., „Organisation von Hochschulkommunikation", in Fähnrich et al. (Hg.), a.a.O., S. 123–140.

nen Professorinnen und Professoren nicht ernsthaft dienstverpflichtet werden, ein bestimmtes Logo zu benutzen. Es mag zwar eine One-voice-Policy geben, die sich darum bemüht, eine einheitliche Außenkommunikation zu formen. Dennoch ist es nicht gesagt, dass diese Policy auch durchsetzbar ist. Zudem sind die Bewohner des *Academic Heartlands* sehr auf ihre Freiheit bedacht und meinen, wenn sie „wir" sagen, nicht unbedingt die eigene Hochschule – sondern vielleicht den eigenen Lehrstuhl, einen Sonderforschungsbereich oder auch die Fachcommunity. Auch wenn sich die Hochschule insgesamt gewandelt hat: Diese Freiheiten bleiben, wobei sie immer auch abhängig vom Fachgebiet zu betrachten sind.

Insbesondere die Rolle der institutionellen Hochschulkommunikation ist sehr facettenreich. Die „neue Hochschulprofession" fungiert als Dienstleister*in, mal Manager*in, besonders häufig aber Mediator*in, die zwischen Stakeholdern innerhalb der Hochschule vermitteln muss – z. B. zwischen der mächtigen SFB-Sprecherin und der Hochschulleitung, wenn diese sich über die Aussendung von Pressemitteilungen oder die Logonutzung uneinig sind.[8] Sie ist also in einer „Grenzstellen"-Position[9], und ihre Aktions- und Wirkmöglichkeiten hängen direkt von ihrer Verortung im offiziellen Organigramm ab (der „Aufbauorganisation") – oder von den innoffiziellen Verhältnissen an der Hochschule (ihrer „Ablauforganisation"), die sich vielerorts aufgrund von Traditionen, Persönlichkeiten und Machtkonstellationen entwickelt haben.

Auch in der Außenkommunikation begibt sich die institutionelle Hochschulkommunikation in eine „Grenzstellen"-Rolle. Sie muss zwischen journalistischen und medialen Ansprüchen und Wirklichkeiten einerseits und ihren internen Stakeholdern andererseits vermitteln. Hier gerät sie in die Rolle derjenigen, die Hochschullehrer*innen das kommunikative Verhalten in den sozialen Kanälen des Internets erklären und mit nicht immer aktuellen Vorstellungen darüber, wie Journalismus funktioniert, umgehen muss.

Wie hat sich die Hochschulkommunikation nun über die Zeit entwickelt? Gerne wird vergessen, dass sich auch die interne Kommunikation durch New Public Management oder den Bologna-Prozess verändert hat. Dies betrifft etwa

---

8 Annette Leßmöllmann et al., *Zwischenbericht. Hochschulkommunikation erforschen. Hochschulkommunikatoren als Akteure: Ergebnisse einer Online-Befragung – 1. Welle*, 2016, http://wmk.itz.kit.edu/downloads/Zwischenbericht%20Hochschulkommunikation%20e.pdf;   Thorsten Schwetje, et al., *Projektbericht. Hochschulkommunikation erforschen. Hochschulkommunikatoren als Akteure: Ergebnisse einer Online-Befragung – 2. Welle*, 2017, http://wmk.itz.kit.edu/downloads/Projektbericht-Hochschulkommunikation-er.pdf, besucht am 17.06.2019.
9 Simone Rödder, „Organisationstheoretische Perspektiven auf die Wissenschaftskommunikation", in Fähnrich et al. (Hg.), a.a.O., S. 63–81.

den sprachlichen und textlichen Wandel: Textsorten wie Konzeptpapiere, Berichte, Stellungnahmen und *Executive Summaries*, Kommunikationsformen der Selbstdarstellung, Begründung, Rechtfertigung und des Nachweises fallen heute in den Zuständigkeitsbereich von Wissenschaftler*innen.[10]

Besonders auffällig sind die Veränderungen in der Außenkommunikation. Historisch gesehen bildeten in Deutschland die Studierendenproteste Ende der 1960er Jahre, die mit erheblichem PR-Effekt mediale Aufmerksamkeit erzeugten, den Anstoß für eine institutionalisierte Hochschulkommunikation.[11] Die Hochschulen zogen nach, weil insbesondere die Hochschulleitungen dem erhöhten Bedarf an Legitimierung und Reputationsmanagement begegnen wollten. Seitdem sind die Kommunikationsabteilungen zusammen mit ihren Aufgabenportfolios ständig gewachsen.[12] Es sind mehr und mehr Kanäle zu bedienen, erweitert durch Aufgaben wie Fundraising und Alumnimanagement – wobei sich das Spektrum in jeder Hochschule anders ausprägt. Auch der Grad des Wachstums der Abteilungen unterscheidet sich: Während die Kommunikator*innen kleinerer Universitäten und Fachhochschulen meist deutlich überlastet und entsprechend unzufrieden sind, können große Hochschulen mit diversifizierten Abteilungen ihren Aufgaben gelassener begegnen.[13] Die genauen Mitarbeiterzahlen sind schwer zu bestimmen, da es eine wechselnde Zahl dezentral agierender Kommunikator*innen gibt – etwa an Fakultäten, in Forschungsgruppen oder Instituten –, die von den Hochschulen häufig nicht erfasst werden.

Die große Anzahl von Aufgaben und deren Priorisierung sind häufig Gegenstand interner Verhandlungen, nicht selten gefolgt von Unklarheiten und Querelen. Ressourceneinsatz und Prioritätensetzung werden besonders virulent, wenn es um die Sozialen Medien geht. Nicht erst seit dem Video des YouTubers Rezo[14] (in dem es zu einem guten Drittel um ein wissenschaftsnahes Thema ging, nämlich die Ergebnisse der Klimaforschung und ihre mangelnde Wahrnehmung in der Politik) sollte klar sein, dass die Sozialen Medien der Diskursraum sind, in

---

10 Christian Fandrych, „Wissenschaftskommunikation", in Arnulf Deppermann, Silke Reineke (Hg.), *Sprache im kommunikativen, interaktiven und kulturellen Kontext*, Berlin & Boston 2018, S. 143–168.
11 Erik Koenen, Mike Meißner, „Historische Perspektiven der Hochschulkommunikation", in Fähnrich et al. (Hg.), a.a.O., S. 39–59.
12 Andres Friedrichsmeier et al., *Organisation und Öffentlichkeit von Hochschulen. Forschungsreport 1/2013 des Arbeitsbereichs Kommunikation – Medien – Gesellschaft*, Münster 2013, https://www.uni-muenster.de/imperia/md/content/kowi/forschen/ergebnisreport_organisation_oeffentlichkeit_hochschulen.pdf, besucht am 19.06.2019.
13 Schwetje et al., a.a.O.
14 Rezo, „Die Zerstörung der CDU", 2019, https://www.youtube.com/watch?v=4Y1lZQsyuSQ, besucht am 17.06.2019.

dem sich der wissenschaftliche Nachwuchs, die Studierenden und viele andere bewegen. Rückläufige Zahlen bei der Nutzung des „Informationsdienst Wissenschaft" (IDW)[15] könnten darauf hindeuten, dass Hochschulen den Netz-Kommunikationsraum lieber direkt und ohne Verteilung durch den IDW bespielen sollten.

IV Akkuratesse oder Strategie?

Damit sind wir bei einer Kernfrage angelangt: Kann institutionelle Hochschulkommunikation, sprich, die Kommunikationsabteilung, die institutionellen Interessen der Hochschule verpflichtet ist, in die Pflicht genommen werden, beim Konflikt zwischen „Akkuratesse" und „Strategie" für Ersteres einzustehen?

Die institutionelle Hochschulkommunikation navigiert, wie oben gezeigt, in einer ständigen Abstimmung von Interessen. Spätestens seit Veröffentlichung der „Leitlinien für gute Wissenschafts-PR"[16] durch den Bundesverband Hochschulkommunikation und Wissenschaft im Dialog ist diese Interessensabwägung um die Abstimmung mit selbstgesetzten Standards erweitert worden. Es ist freilich unklar, wie stark diese Leitlinien in den Kommunikationsabteilungen tatsächlich wirken. Die Standards können jedenfalls Ursache von Konflikten sein, denn die Verführungskraft einer knalligen Pressemitteilung ist für manche groß,[17] und es kann durchaus auch die Kommunikationsabteilung sein, die auf die Bremse tritt, wenn Präsident*in oder Hochschullehrer*in Forschungsergebnisse übertrieben dargestellt sehen wollen.

Da Pressemitteilungen Ergebnis interner Abstimmungen zwischen verschiedenen Stakeholdern und zum Teil gegenläufigen Interessen sind, stellt sich die Frage, an welcher Stelle sich der Wille zur Übertreibung durchsetzt: Sind es eher die Hochschulleitungen, die Kommunikator*innen oder die beteiligten Forscher*innen, und welche Konstellation in der Organisation lenkt die Entscheidung in die eine oder andere Richtung?

---

15 Julia Serong et al., „Öffentlichkeitsorientierung von Wissenschaftsinstitutionen und Wissenschaftsdisziplinen", *Publizistik*, 62, 2017, S. 153–178.
16 Bundesverband Hochschulkommunikation, Wissenschaft im Dialog, „Leitlinien für gute Wissenschafts-PR", 2016, https://www.wissenschaft-im-dialog.de/fileadmin/user_upload/Trends_und_Themen/Dokumente/Leitlinien-gute-Wissenschafts-PR_final.pdf, besucht am 17.06.2019
17 Petroc Sumner et al., „The association between exaggeration in health related science news and academic press releases: retrospective observational study", *BMJ*, 349, 2014, S. 1–8; Petroc Sumner et al., „Exaggerations and Caveats in Press Releases and Health-Related Science News", *PLoS One*, 11, S. 1–15.

Die Gegenüberstellung von gemeinwohl- und wahrheitsverpflichteter Kommunikation einerseits und strategischer Kommunikation andererseits geht auf die Beobachtung – oder Setzung – von Jürgen Habermas zurück, dass sich beides ausschließe.[18] Übertragen auf die Beispiele im vorherigen Absatz hieße das: Wer strategisch kommuniziert, will bestimmte Ziele erreichen, in vorliegenden Fall das Ziel, Aufmerksamkeit zu erringen, welche sich wiederum in ökonomischen Vorteilen niederschlagen kann. Eine solche Strategie kann in Widerspruch zu dem Ziel stehen, zu sagen, was wirklich der Fall ist, um so der Allgemeinheit eine verlässliche Entscheidungsgrundlage zur Verfügung zu stellen.

Ein Beispiel für diesen Gegensatz sei anekdotisch erzählt: Wenn wir vor Fachpublikum aus unserem Forschungsprojekt „Wissenschaft für alle – nichterreichte Zielgruppen in der Wissenschaftskommunikation" berichten, in dem wir untersuchen, warum bestimmte gesellschaftliche Gruppen durch bekannte Formate der Wissenschaftskommunikation nicht erreicht und damit abgekoppelt werden, dann findet sich häufig jemand aus dem Bereich der institutionellen Hochschulkommunikation, der fragt: „Wieso sollen wir denn diese Leute erreichen wollen, die gar nicht zu unserer Zielgruppe gehören? Wir wollen Nachwuchs generieren – wieso sollten wir unsere Kommunikationsaktivitäten auf junge Menschen ausweiten, die keine Hochschulzugangsberechtigung anstreben? Unsere Budgets sind begrenzt."

Diese Frage, das sei hinzugefügt, wird häufig deshalb gestellt, weil sie uns Argumente entlocken soll, mit denen die Fragenden in ihren Institutionen für Kommunikationsmaßnahmen und Budgets werben können. Auch das zeigt aber, dass es einen deutlichen Kontrast zwischen einer strategischen Ausrichtung der Hochschulen und ihrer Gemeinwohlorientierung gibt, einer Orientierung, die die Hochschule als Wissens-Erzeugerin und -Zertifiziererin, als sichtbare und vielfältig publizierende Institution und als offenes Haus eigentlich haben sollte. Strategien dienen immer auch als Basis, sich von etwas verabschieden zu können. Mit der obigen Strategie verabschiedet man sich von einem Teil der Öffentlichkeit.

Ein zweites Beispiel ist der „Bluttest-Skandal" am Universitätsklinikum Heidelberg, ein PR-GAU, bei dem sich offenbar ökonomische Interessen, ein unbedingter Aufmerksamkeitswille und mangelndes Qualitäts- und Kommunikationsmanagement ein fatales Stelldichein gaben. Diese Faktoren führten dazu, dass niemand an entscheidender Stelle „nein" rief und so ein nicht marktreifes Produkt als Weltsensation angepriesen werden konnte.

Beide Beispiele zeigen, wie die Verhaltens- und Organisationsweisen und -kulturen einer Institution zu bestimmten Kommunikationsentscheidungen füh-

---

18 Jürgen Habermas, *Theorie des kommunikativen Handelns*, 2 Bde., Frankfurt am Main 1981.

ren. Eingehendere Fallstudien müssten zeigen, welche Rolle in diesem Zusammenhang die Kommunikationsabteilungen spielten. Fest steht, dass sie herausgefordert sind: Stehen sie auf der Seite des Gemeinwohls oder auf der Seite der Strategie?

Nun könnte es auch eine Strategie sein, sich der Wahrheit *und* dem Gemeinwohl verpflichtet zu fühlen (Juliana Raupps Vorschlag weist in diese Richtung[19]). Die „Leitlinien zur guten Wissenschafts-PR" (s. o.) legen diese Strategie nahe und können einer Kommunikationsabteilung durchaus als Argumentationsstütze dienen, wenn in ihrer Institution die Akkuratesse gegenüber dem Ziel medialer Aufmerksamkeit ins Hintertreffen gerät.

Doch die Forderung nach „Wahrheitsbezug" in der Kommunikation hat einen großen Haken: Er neigt dazu, Wissenschaft positivistisch zu sehen, als Fakten- und Evidenzmaschine oder eine Art Wissens-TÜV, und so ein naives Wissenschaftsbild zu zeichnen. Zudem kann die Annahme, Hochschulen und andere Wissenschaftsorganisationen hätten einen privilegierten Zugang zur Wahrheit und seien daher die idealen Akteure der Wissenschaftspopularisierung, auch zu einem camouflierten Griff nach Deutungshoheit werden: Wer popularisiert, hat recht (oder auch: Wer recht hat, popularisiert). Der Wahrheitsbezug kann so zu einer Legitimierung eines elitären Popularisierungs- und Wissensbegriffs herangezogen werden.[20]

Die institutionelle Hochschulkommunikation segelt also zwischen Skylla und Charybdis: Auf der einen Seite lauern die Ungeheuer des Wahrheitspostulats, auf der anderen lauert der Sog der eigeninteressierten Strategie, der, wie der Fall „Bluttest" zeigt, den guten Ruf einer Institution verschwinden lassen kann.

V Perspektivwechsel

Wenn wir Hochschulkommunikation konsequent mit Blick auf die Interessen des Publikums verstehen, kommt eine Strategie, die Zielgruppen ausgrenzt, nicht in Frage. Hochschulen sollen, etwa laut dem Landeshochschulgesetz Baden-Württemberg, zum gesellschaftlichen Fortschritt beitragen, sich für Wissens-, Gestaltungs- und Technologietransfer engagieren und die Öffentlichkeit regelmäßig über ihre Aufgaben und Ziele unterrichten (vgl. § 2 Art. 5 und 8 LHG). Wer mag, kann darin allein die Aufforderung sehen, funktionierende Produkte zu erzeugen.

---

19 Juliana Raupp, „Strategische Wissenschaftskommunikation", in Heinz Bonfadelli et al. (Hg.), *Forschungsfeld Wissenschaftskommunikation*, Wiesbaden 2017, S. 143–163.
20 Markus Lehmkuhl, „Journalismus als Adressat von Hochschulkommunikation", in Fähnrich et al. (Hg.), a.a.O., S. 299–318.

Doch das würde der Vielfalt der auch landesrechtlich verankerten Hochschulen nicht gerecht. Die Aufgaben der Hochschulen schließen eine Gemeinwohlorientierung ein und verbinden damit eine Orientierung am Sachstand der Wissenschaft und eine Verpflichtung zur Akkuratesse: Eine Kommunikation, die einseitig die Bedürfnisse nur einer Zielgruppe in den Blick nimmt, Produkte belobigt, übertreibt, interessensgeleitet agiert oder schlicht falsch ist, widerspricht dem Organisationsziel der Hochschule, dem Ziel nämlich, für alle ihre Stakeholder verlässlich und glaubwürdig zu sein und auf Wissen (oder begründetes Nicht-Wissen) Bezug zu nehmen.

Wer in einer Erstsemestervorlesung sitzt, hat ein Anrecht darauf, einigermaßen verlässliche Erkenntnisse vermittelt zu bekommen. Dazu gehört auch zu erfahren, wo die Grenzen des aktuellen Wissenstandes liegen. In einer Kinder-Uni ist das nicht anders, und Gleiches gilt bei einem Expertenhearing in einem Ministerium oder in einer journalistischen Redaktion. Spürt das Publikum, dass ihm Wichtiges und Richtiges vorenthalten oder falsch dargestellt wird, weil finanzielle oder andere institutionelle Interessen im Spiel sind, läuft die Sache ins Leere.

Das Wissenschaftsbarometer 2018[21] gibt diesbezüglich ein klares Signal: 36 % der Befragten stimmten „voll und ganz" zu, dass die Abhängigkeit der Wissenschaftler*innen von ihren Geldgebern ein Grund für berechtigtes Misstrauen gegenüber der Wissenschaft ist. 31 % gaben an, dieser Aussage „eher" zuzustimmen als nicht zuzustimmen. Dass „Wissenschaftler oft Ergebnisse ihren eigenen Erwartungen anpassen", wurde von 13 % als Anlass für Misstrauen genannt, weitere 25 % gaben hier eine tendenzielle Zustimmung.

Bei einem generellen Vertrauensverlust würden Hochschulen ihre Rolle als Anlaufstelle für verlässliches Wissen verlieren. Hochschulen müssen sich deshalb sehr ehrlich und gründlich fragen, welches Geld sie unter welchen Bedingungen annehmen und wie sie ihre Innovationen vermarkten wollen, ohne ihre Unabhängigkeit zu verraten.

Gute Hochschulkommunikation darf nicht nur den Sender betrachten, sondern muss den gesamten Kommunikationsprozess im Auge behalten. Das Publikum ist Teil dieses Prozesses, und es hat schon lange eine Stimme, etwa auf YouTube (siehe Rezo-Video) – auch wenn das häufig im Hochschulbereich ignoriert wird. Gute Hochschulkommunikation sollte alle Beteiligten einbeziehen, auch in der Hochschule, z. B. indem sie Professor*innen und Hochschulleitung

---

21 Wissenschaft im Dialog, „Wissenschaftsbarometer 2018", 2018, https://www.wissenschaft-im-dialog.de/projekte/wissenschaftsbarometer/wissenschaftsbarometer-2018/, besucht am 19.06.2019.

erklärt, wie Kommunikation heute funktioniert und dass YouTube ein integraler Teil des heutigen medialen Kommunikationsraums ist.

Gute Hochschulkommunikation ist nie nur eine Sache der Abteilung Hochschulkommunikation, sondern immer eine der Gesamtorganisation, da die Hochschulkommunikation durch ihre enge Verzahnung mit der Hochschule und ihre struktur- und prozessbildende Funktion diese wie ein Spiegel reflektiert. Dies betrifft die Arten und Weisen, wie eine Hochschule organisiert und strukturiert ist und wie ihre Kommunikationswege verlaufen, ob Beteiligte „nein" sagen können und welche Konsequenzen dies nach sich zieht. Einen großen Einfluss hat das Wissen und Nicht-Wissen der Leitungsebene, aber auch, was alle anderen Akteur*innen – von der Professorin bis zur Studentin, vom Referenten bis zum Gremienbüro – über die aktuell praktizierten medialen Diskurse wissen oder nicht wissen. Ohne ein hinreichendes Journalismus- und Medienverständnis kann auch die beste Kommunikationsabteilung nicht erfolgreich arbeiten.

Die Hochschulen scheinen für den Diskurs im Netz lange noch nicht genügend gerüstet, etwa, was die Einrichtung von *Task Forces* angeht, die auf Debatten gezielt reagieren könnten. *Task Forces* könnten sich aus allen Bereichen der Hochschule rekrutieren, aus dem wissenschaftlichen Kernbereich wie aus der Kommunikationsabteilung. Gleiches gilt für die Nutzung von Algorithmen, die das Monitoring der Netzdiskurse ermöglichen und *Fake News* aufspüren. Zwar ist ein Monitoring solcher Verlautbarungen durch den Wissenschaftsjournalismus besser, weil er unabhängig und keinen institutionellen Interessen verpflichtet ist. Dennoch könnte es eine Aufgabe der Hochschulkommunikation sein, aus eigenem Antrieb für Richtigstellungen zu sorgen, nicht erst bei Nachfrage durch Journalist*innen.

Abschließend: Hochschulkommunikation, die dem Gemeinwohl verpflichtet ist, grenzt weder Zielgruppen aus, noch gewichtet sie Strategie höher als Akkuratesse. Die Gemeinwohlorientierung ist für alle Stakeholder unermesslich hoch, weil Hochschulen privilegierte Orte der Generierung und Weitergabe von Wissen sind, dessen Gültigkeit unabhängig von finanziellen und anderen partikularen Interessenlagen sein sollte und ohne das demokratische Institutionen keinen dauerhaften Bestand haben könnten. Hochschulkommunikation umfasst mehr als die Aktivitäten von Kommunikationsabteilungen. Sie kann ihren Beitrag zur Erfüllung der Gemeinwohlverpflichtung nur in dem Maße leisten, in dem sie die Gesamtorganisation „Hochschule" hinter sich weiß, weil sie deren Vielfalt und Vielstimmigkeit respektiert.

Orte offener Wissenschaft

Wilfried Hinsch, Lukas H. Meyer
Universitäten

I *Public Understanding of Science*

Die Befürchtung eines abnehmenden öffentlichen Ansehens der Wissenschaft hat die *Royal Society* in London 1985 bewogen, unter dem Stichwort *Public Understanding of Science* zu einer grundlegenden Verbesserung der öffentlichen Vermittlung von wissenschaftlichen Erkenntnissen aufzurufen, um das Vertrauen in die Wissenschaft und die für wissenschaftliche Unternehmungen nötigen Ressourcen zu sichern. Dem sind seitdem viele Akademien, Forschungseinrichtungen und Universitäten gefolgt. Die Dringlichkeit einer zugleich sachgerechten und effizienten „Wissenschaftskommunikation" hat sich durch die Dominanz des Internets als öffentliche Informationsquelle und Kommunikationsplattform in den Zeiten von *Fake News* noch einmal verstärkt.

Ganz allgemein gilt, dass öffentliche Kommunikation und Meinungsbildung heute unter Bedingungen stattfinden und Dynamiken unterliegen, die informierten Bewertungen und rationalen Entscheidungen nicht förderlich sind. Sie leisten falschen Generalisierungen und Polarisierungen ebenso Vorschub wie der Bildung weltanschaulicher, religiöser oder politischer Lager. Auch in demokratischen Gesellschaften ist die allgemeine Öffentlichkeit nur in geringem Maße eine *diskursive* Öffentlichkeit, deren Mitglieder sich untereinander austauschen, um neue Einsichten zu gewinnen, etablierte Überzeugungen zu überprüfen oder nach Lösungen für gemeinsame Probleme zu suchen. Die finanziellen, politischen und ideologischen Interessen wichtiger Protagonisten der öffentlichen Meinungsbildung laufen dem entgegen.[1]

Durch das Internet und digitale Netzwerke wie Facebook und Twitter wird die massenhafte Verbreitung von dubiosen Nachrichten und Meinungen in bisher unbekannter Weise begünstigt. Schon Kant hat in *Was ist Aufklärung?* seine Vorstellung eines aufgeklärten „Publikums" mit verhaltener Skepsis vorgetragen.[2]

---

1 Vgl. Bernhard Peters, „Öffentliche Deliberation", in Lutz Wingert, Klaus Günther (Hg.), *Die Öffentlichkeit der Vernunft und die Vernunft der Öffentlichkeit. Festschrift für Jürgen Habermas*, Frankfurt/M 2001, S. 655–677, und die dort diskutierte Literatur, insbesondere S. 663–8.
2 Kant sah es zwar bekanntlich 1784 als „beinahe unausbleiblich" an, dass ein Publikum sich selbst aufkläre, „wenn man ihm nur Freiheit lässt". Er hielt dies jedoch für einen langwierigen und fragilen Prozess. Selbst durch eine Revolution käme keine „Reform der Denkungsart" zustande, „neue Vorurteile werden", so Kant, „eben sowohl als die alten, zum Leitbande des gedankenlosen großen Haufens dienen." (Akademieausgabe, Bd. 8, S. 36).

In unseren Tagen fällt es schwer, die Hoffnung nicht gänzlich zu verlieren. Die neuen technischen Möglichkeiten, Informationen durch Algorithmen zu manipulieren und ausgewählten Adressatengruppen zukommen zu lassen, gefährden die ohnehin leicht störbare Entwicklung hin zu einer durch offenen Austausch geprägten toleranten und inklusiven Gesellschaft. So belegt eine kürzlich in *Science* veröffentliche Studie, dass *Fake News* und Gerüchte über Twitter schneller und weiter verbreitet werden als echte Nachrichten.[3] Dies lässt in der Tat eine entschlossene und strategisch angelegte öffentliche Offensive für Wahrheit und Rationalität geboten erscheinen.[4] Das Konzept des *Public Understanding of Science* bietet dafür eine wichtige Basis, und der mit seiner Umsetzung verbundene hohe Ressourceneinsatz wissenschaftlicher Einrichtungen und Universitäten für die Presse- und Öffentlichkeitsarbeit erscheint *prima vista* gut begründet.

Die Bedeutung des *Public Understanding* für die ideelle und institutionelle Selbstbehauptung der Wissenschaften sei insoweit unbestritten. Einige zentrale Herausforderungen im Spannungsfeld von Wissenschaft, Öffentlichkeit und Politik lassen sich mit Hilfe dieses Konzepts, so wie es gegenwärtig verstanden wird, allerdings nicht bewältigen (zu den Grenzen und möglichen Schwächen des Konzepts siehe auch den Beitrag von Maike Weißpflug und Johannes Vogel in diesem Band, S. 105–118). Mit ihm verbinden sich Vorstellungen, die eine Engführung zur Folge haben, weil sie Verständnisprobleme und Spaltungen im System der Wissenschaften selbst systematisch aus dem Blick schieben. Überzeugende Antworten auf Fragen nach der Verlässlichkeit und den Grenzen wissenschaftlicher Erkenntnis werden so eher behindert als gefördert. Dies festzustellen, bedeutet keine Zurückweisung des *Public Understanding*. Alle vernünftigen Strategien haben ihre Grenzen. Sie dienen einem konkreten Zweck und können nur für bestimmte Aufgaben erfolgreich eingesetzt werden. Es geht deshalb nicht darum, das Konzept zu verwerfen. Es muss aber substanziell erweitert werden.

Eine erste problematische Begrenzung betrifft die disziplinäre Fokussierung des *Public Understanding* auf die *Sciences* im engeren Sinne der Naturwissenschaften. Zwar bestreitet niemand, dass es auch an einem öffentlichen Verständnis für Gelehrsamkeit, historische Forschung, sozialwissenschaftliche Theoriebildung und normative Begründung fehlt. Es wird aber allgemein angenommen, dass vorrangig die Natur- und, in enger Folge, die Technikwissen-

---

[3] Vgl. Soroush Vosoughi et al., „The Spread of True and False News Online", *Science*, 359, S. 1146–51; und die Darstellung in Kap. 4, „Connect", von John Browns, *Make, Think, Imagine. Engineering the Future of Civilization*, London 2019.
[4] Siehe etwa die Beiträge in Günter Blamberger et al. (Hg.), *Vom Umgang mit Fakten: Antworten aus Natur-, Sozial- und Geisteswissenschaften*, München 2018.

schaften einem breiteren Publikum nähergebracht werden müssten. Tatsächlich stellen diese für alle, die sich mit mathematischen Formeln und statistischen Berechnungen schwertun, ein beachtliches Verständnisproblem dar. In einer Welt, die maßgeblich von eben diesen Wissenschaften geprägt ist und durch sie fortwährend verändert wird, muss dies unweigerlich zu Schwierigkeiten führen, wenn auch nicht notwendiger Weise zu Wissenschaftsfeindlichkeit und Technikverweigerung. Es sprechen gute Gründe dafür, dem mit einer verstärkten Öffentlichkeitsarbeit entgegenzuwirken. Eine unerwünschte Verengung der Perspektive ergibt sich allerdings, wenn sich damit die Annahme verbindet, zumindest die wichtigsten Probleme der Wissenschaftskommunikation wären gelöst, sobald die Arbeitsweise und die Ergebnisse der Natur- und Technikwissenschaften in der Öffentlichkeit besser verstanden würden. Dies ist nicht der Fall. Im Übrigen stehen andere Wissenschaften ebenfalls vor Problemen der Verstehbarkeit und Mitteilbarkeit, und natürlich spielen etwa Statistik und Wahrscheinlichkeitsrechnung u. a. auch in der Soziologie, Psychologie und Philosophie eine Rolle.

Insoweit Vertrauen in die Wissenschaft tatsächlich öffentlich verloren geht, geschieht dies wohl nicht deswegen, weil Bürger sich aufgrund philosophischer Reflexionen dem erkenntniskritischen Skeptizismus zuwenden oder weil sie wissenschaftstheoretische Zweifel an den Methoden der Natur- und Technikwissenschaften entwickeln. Überwiegend liegen die Gründe, so nehmen wir an, in den erwarteten lebenspraktischen Auswirkungen des wissenschaftlich-technischen Fortschritts. Sie werden von nicht wenigen aus religiösen, weltanschaulichen oder moralischen Gründen als bedrohlich und fragwürdig wahrgenommen. Die bestehenden Befürchtungen mögen auf wissenschaftlich begründeten oder unbegründeten Prognosen beruhen. In jedem Fall führen sie zu Problemen, die sich allein mit den Mitteln der Natur- und Technikwissenschaften nicht auflösen lassen. Dazu gehören wissenschaftsethische Fragen zum angemessenen Umgang mit Gefahren, die von den Wissenschaften selbst ausgehen, aber auch die allgemeinere Problematik eines vernünftigen Umgangs mit divergierenden Einschätzungen von Gefahren und Risiken. Ein umfassendes Verständnis von *Public Understanding* muss sich Fragen wie diesen ebenso zuwenden wie der Erkundung lebensweltlicher Alternativen für die Nutzung oder Nicht-Nutzung wissenschaftlicher Erkenntnisse. „Progress is not delivered with an instruction manual spelling out the safe and responsible use of new inventions", schreibt John Brown.[5] Und weil dies so ist, muss es auch eine akademische und öffentliche Verständigung über die Auswirkungen wissenschaftlich-technischer Entwicklungen auf die

---

5 Vgl. Brown, a.a.O., S. 4.

pluralen Formen des je nachdem ethischen, religiösen oder weltanschaulichen menschlichen Selbstverständnisses in modernen Gesellschaften geben.

Hier zeichnet sich eine weitere Beschränkung des Konzepts *Public Understanding of Science* ab. Solange wir *Public Understanding of Science* lediglich im Sinne verbesserter Strategien für die kommunikative Vermittlung von Wissenschaft verstehen, setzen wir stillschweigend voraus, dass bereits feststeht, was Wissenschaft ist, wie sie am besten betrieben wird und welches ihre Ergebnisse sind. Wie interaktiv Wissenschaftskommunikation auch immer ausgestaltet werden mag – mit Bürgerdialog und gemeinsamen Experimenten oder ohne – letztlich geht es um *Vermittlung*. Eine erfolgreiche Vermittlung setzt voraus, dass über das, was vermittelt werden soll, bereits weitgehend Einigkeit besteht, und sei es Einigkeit darüber, welche Fragen in der Wissenschaft nach wie vor offen sind oder kontrovers diskutiert werden.

Dies ist in zahlreichen wissenschaftlichen Feldern der Fall, und in ihnen findet das *Public Understanding of Science*, so wie es üblicherweise verstanden wird, ein fruchtbares Anwendungsfeld. Für viele grundlegende wissenschaftliche und gesellschaftspolitische Problemstellungen ist die Voraussetzung eines breiten Konsenses zumindest unter den Experten jedoch nicht erfüllt. Weder in der Wissenschaft – noch außerhalb – gibt es Antworten auf die Fragen nach den Risiken und Chancen wissenschaftlicher Erkenntnisse, nach ihren Implikationen für unser Selbstverständnis und nach möglichen lebensweltlichen Alternativen, die nicht aus nachvollziehbaren Gründen umstritten wären. Nicht selten besteht, wenn es um grundlegende Dinge geht, auch Dissens darüber, welche Fragen sich überhaupt wissenschaftlich beantworten lassen und welche nicht. Was jedoch einigermaßen zweifelsfrei feststeht, ist, dass wir es mit Fragestellungen zu tun haben, bei denen wissenschaftlich-empirische bzw. technische, moralische, rechtliche, religiöse und weltanschauliche Aspekte unlösbar miteinander verflochten sind. Wir stehen vor Problemen, die sich mit den Mitteln einzelner wissenschaftlicher Disziplinen allein nicht auflösen lassen. Dies soll anhand von zwei Beispielen erläutert werden.

II Klimawandel

Die zunehmend und in erheblichem Maße durch menschliche CO_2-Emissionen verursachte Erwärmung der Erdatmosphäre (Klimawandel) gehört zu den weltweit größten Herausforderungen kollektiven Handelns. Sie stellt weithin unbestritten eine wachsende Bedrohung der menschlichen Lebensgrundlagen dar. Es besteht Einigkeit darüber, dass sich der in diesem Sinne gefährliche Klimawandel nur durch konzertiertes und entschiedenes (nationales und internationales) politisches Handeln verhindern oder abschwächen lässt. Umstritten ist jedoch, welche Strategien alles in allem am besten geeignet sind, den gefährlichen Klimawandel zu bekämpfen. Insbesondere wird kontrovers diskutiert, wie die mit verschiedenen Strategien verbundenen Vor- und Nachteile zu bewerten und wie die aus ihnen resultierenden Belastungen gerecht zu verteilen sind.[6]

Wir können nicht damit rechnen, dass die Frage nach der besten Antwort auf die Herausforderung des Klimawandels von allen übereinstimmend beantwortet wird, auch dann nicht, wenn alle besser informiert wären und die Dinge unparteiisch betrachten würden. Dazu sind sowohl die empirischen Daten als auch die relevanten moralischen und rechtlichen Kriterien zu komplex. Auch ist die Gültigkeit der Daten und Kriterien nicht selten selbst strittig.

Welchen Beitrag kann die Wissenschaft in dieser Situation leisten, trotz bestehender Dissense und Divergenzen, das für ein koordiniertes und Erfolg versprechendes politische Handeln nötige Einverständnis darüber zu befördern, wie das allgemeine Ziel weitgehend emissionsfreier Gesellschaften und Volkswirtschaften am besten zu erreichen ist?

Zwei grundlegende Fragen sind folgende: Welche moralisch rechtfertigbaren Strategien eines Transformationsprozesses hin zu kohlenstoffarmen Formen des Wirtschaftens sind technologisch und institutionell realisierbar, ökonomisch effizient und zugleich nachhaltig? Und: Wie kann ein solcher Transformationsprozess in einer von Unsicherheiten geprägten Welt politisch legitimiert und implementiert werden?

So zu fragen, setzt bereits viel voraus. Zunächst einmal, dass eine strategische Antwort auf den Klimawandel auf eine kohlenstoffarme Gesellschaft zielt, und auch, dass eine geeignete Strategie bestimmten Anforderungen der Rechtfertigung genügen muss.

Niemand verfügt momentan über eine alternativlos richtige Antwort auf die Frage nach der richtigen Strategie gegen gefährlichen Klimawandel. Dafür gibt es gute Gründe, allen voran die Notwendigkeit, eine Vielzahl von Kriterien für die Wahl einer guten Strategie zu berücksichtigen: Empirische Validität, technische und institutionelle Realisierbarkeit, ökonomische Effizienz, Gerechtigkeit, politische Legitimität, um nur einige zu nennen, die selbst wiederum intern komplex sind und jeweils mehrere Teilkriterien umfassen. Alle diese Kriterien müssen bei der Bewertung alternativer Strategien gegen den Klimawandel in ihrem Verhältnis zueinander gewichtet werden, ohne dass es für diese Art von Abwägung ein-

---

6 Vgl. Rajendra K. Pachauri, Leo Meyer (Hg.), *Climate Change 2014: Synthesis Report. Contribution of Working Groups I, II and III to the Fifth Assessment Report of the Intergovernmental Panel on Climate Change*, Genf 2015, S. 17 und 75–112.

deutige Regeln oder Verfahren gäbe. Die Konsequenz ist, dass gleichermaßen vernünftige und wohlinformierte Menschen zu divergierenden Ergebnissen gelangen können.

Ein anderer Grund für begründete Meinungsverschiedenheiten liegt in den prinzipiellen Schwierigkeiten bei der Bewertung von Unsicherheiten und Risiken, wenn es um den Schutz grundlegender Rechte geht. Gemäß einer für liberale Demokratien grundlegenden Gerechtigkeitsvorstellung lassen sich nur solche Strategien gegen den Klimawandel rechtfertigen, die dem Schutz grundlegender Rechte eine besondere Bedeutung zusprechen. Aus dieser Perspektive ist Klimawandel „gefährlich", weil die zu erwartenden Konsequenzen einer weltweiten durchschnittlichen Temperaturerhöhung um mehr als zwei Grad Celsius grundlegende Rechte künftig lebender Menschen verletzen würde, etwa das Recht auf Leben, auf körperliche Unversehrtheit und auf die für ein menschenwürdiges Leben nötigen Subsistenzmittel. Zu diesen Rechten gehört auch das Recht auf eine autonome Lebensführung. Der Schutz dieser Rechte kann als eine Minimalforderung der Gerechtigkeit verstanden werden, deren Erfüllung Vorrang vor anderen Ansprüchen gegenwärtig oder zukünftig lebender Menschen haben sollte.[7]

Es wäre allerdings eine unrealistische Wunschvorstellung, jedwedes Risiko von Rechtsverletzungen absolut ausschließen zu wollen. Dies liefe auf ein generelles Verbot der Inkaufnahme von Rechteverletzungen hinaus. Wir dürften dann nicht mehr mit dem Fahrrad zur Arbeit fahren, denn wir können nicht ausschließen, jemanden aus Versehen umzufahren und dadurch seine grundlegenden Rechte zu verletzen. Plausibler erscheint es, Abwägungen zuzulassen und nicht nur die (mit verschiedenen Strategien verbundenen) Risiken gegenwärtiger und zukünftiger Rechtsverletzungen zu berücksichtigen. Es müssen ebenfalls die mit bestimmten rechtlichen Garantien verbundenen Einschränkungen und Kosten in Betracht gezogen werden. Darüber hinaus muss berücksichtigt werden, wie viele Menschen über Generationen hinweg in den Genuss des mit verschiedenen Strategien verbundenen Rechtsschutzes kämen bzw. wie viele die Kosten dieses Schutzes zu tragen hätten.

Es leuchtet ein, der Vermeidung grundlegender Rechtsverletzungen eine große Bedeutung beizumessen. Wie bei allen Abwägungsfragen gibt es jedoch ein Spektrum vertretbarer Antworten und keine alternativlos richtige Lösung. Es ist eine Aufgabe wissenschaftlich informierter normativer Diskurse, dieses Spektrum so einzugrenzen, dass eine politische Entscheidung für eine gemeinsame Stra-

---

[7] Vgl. Charles Kolstad et al., „Social, Economic, and Ethical Concepts and Methods", in Ottmar Edenhofer et al. (Hg.), *Climate Change 2014. Mitigation of Climate Change. Working Group III Contribution to the Fifth Assessment Report of the Intergovernmental Panel on Climate Change*, Cambridge 2015, S. 207–282, insbesondere Abschnitt 3.3.

tegie demokratisch legitimierbar und praktisch umsetzbar erscheint, auch wenn in vielen Punkten unterschiedliche Einschätzungen und Bewertungen bestehen bleiben.

Ein weiterer Grund für begründeten Dissens über Strategien gegen den Klimawandel ergibt sich aus dem, was in der Entscheidungstheorie *Zeitpräferenz* genannt wird. In der Regel ziehen wir einen Gewinn, den wir jetzt erhalten, einem Gewinn vor, den wir erst später bekommen. Dafür gibt es gute und weniger gute Gründe. Zu den weniger guten gehört, dass wir nicht gerne warten und dazu neigen, impulsive und kurzsichtige Entscheidungen zu treffen. Es gibt aber auch gute Gründe, aktuelle Gewinne höher zu bewerten als zukünftige, auch wenn die Gewinne an sich gleich groß sind oder der spätere Gewinn sogar größer ausfiele. Ein rationaler Grund für Zeitpräferenzen liegt in der Unsicherheit unseres Wissens über die Zukunft. Ein Gewinn, den wir jetzt realisieren können, ist ein sicherer Gewinn und schlägt gewissermaßen in voller Höhe zu Buche. Ein zukünftiger Gewinn dagegen tritt nur dann ein, wenn die Dinge sich so entwickeln, wie wir das aufgrund unseres aktuellen Wissens erwarten. Unsere Erwartungen mögen sich freilich mit einer gewissen (manchmal bekannten, manchmal unbekannten) Wahrscheinlichkeit als falsch erweisen. Es ist deshalb eine gängige Praxis rationalen Wirtschaftens, den Wert zukünftiger Gewinne (und ebenso den negativen Wert zukünftiger Verluste) zu *diskontieren*, das heißt abhängig von der Wahrscheinlichkeit ihres tatsächlichen Eintretens in einem gewissen Maße niedriger zu bewerten als gleichgroße gegenwärtige Gewinne oder Verluste.

Das ökonomische Verfahren der Diskontierung zukünftiger Vor- und Nachteile ist nicht auf monetäre Gewinne und Verluste beschränkt. Es lässt sich analog auf Wohlfahrtsgewinne und -verluste übertragen und auch auf die Bewertung der Risiken von Rechtsverletzungen. Ökonomen erscheint es deswegen auch bei grundlegenden Rechten methodisch geboten, Rechtsverletzungen, die in der Zukunft mit einer gewissen Wahrscheinlichkeit, aber nicht mit Sicherheit eintreten, in einem gewissen Maße geringer zu gewichten als dieselben Verletzungen, wenn sie in der Gegenwart einträten. Im Ergebnis scheint dies jedoch darauf hinaus zu laufen, den Rechten zukünftiger Generationen nach Maßgabe einer an Wahrscheinlichkeiten orientierten „Diskontrate" ein geringeres Gewicht zu geben als denen gegenwärtig lebender Menschen. Diese Parteilichkeit für die Gegenwart muss aus einer moralischen Perspektive fragwürdig erscheinen, auch wenn Ökonomen zu Recht geltend machen können, dass eine Gleichbewertung von (praktisch) sicheren gegenwärtigen und zukünftigen Rechtsverletzungen, die ja mit einer gewissen Wahrscheinlichkeit gar nicht eintreten werden, rational ungerechtfertigt wäre.

Ökonomen und Philosophen folgen in der Regel Henry Sidgwicks *Methods of Ethics* (1907) und betrachten eine *reine* Zeitpräferenz als rational und moralisch inakzeptabel. Niemals könne es gerechtfertigt sein, Rechtsverletzungen oder Wohlfahrtsverluste *allein* aus dem Grund geringer zu gewichten, weil sie erst in der Zukunft eintreten. Das Wohlergehen und die Rechte gegenwärtiger und zukünftiger Generationen müssten deshalb *ceteris paribus* mit gleichem Gewicht berücksichtigt werden, wenn es um die Bewertung von Strategien gegen den Klimawandel geht. Dies gilt aber eben nur „ceteris paribus" und schließt deshalb – und genau da beginnen die Probleme – unterschiedliche Gewichtungen aufgrund von Wahrscheinlichkeitserwägungen und damit Zeitpräferenzen nicht *per se* aus. Wo nun genau die Grenze zwischen einer rational motivierten und moralisch vertretbaren und einer in der Tat fragwürdigen *reinen* Zeitpräferenz in Bezug auf zukünftige Generationen verläuft, lässt sich weder theoretisch noch praktisch eindeutig bestimmen, und es muss wissenschaftlich informierten moralisch-politischen Diskursen und Verhandlungen überlassen bleiben, festzulegen, welche Diskontrate in der Bewertung von Strategien gegen den Klimawandel angemessen erscheint.[8]

III Genforschung und Künstliche Intelligenz

Im März 2018 veröffentlichte die New York Times einen Beitrag des Genforschers David Reich von der Harvard Universität, in dem er zu einer öffentlichen Diskussion seiner Forschungsergebnisse aufruft. Die von ihm angestellten Analysen „alter DNA" aus historischen Knochenfunden deuten darauf hin, dass, anders als bisher angenommen, sehr wohl relevante genetische Differenzen nicht nur zwischen Individuen, sondern auch zwischen Gruppen von Menschen bestehen, die verschiedenen über tausende von Jahren getrennten Genpools entstammen.[9] Solche genetischen Differenzen korrelieren mit erhöhten Krankheitsrisiken, längeren durchschnittlichen Ausbildungszeiten, einer späteren Familiengründung und einem besserem Abschneiden bei Intelligenztests. Reich nennt mehrere Studien, die ebenso wie seine eigenen Arbeiten mit neuartigen Methoden der DNA-Sequenzierung durchgeführt wurden und solche Ergebnisse bestätigen. Ohne eine offene Diskussion dieser neueren Forschungsergebnisse, die den seit den 1970er Jahren in der Genforschung bestehenden Konsens über die weitgehende statistische Irrelevanz von genetischen Differenzen zwischen Menschengruppen in Frage stellen, fürchtet Reich, könnten seine Resultate rassistischen

---

[8] Zum Stand der Diskussion siehe z. B. die Beiträge in Lukas H. Meyer et al. (Hg.), *Ethical Perspectives, Special Issue: Ethics and Risks*, 25, 2018.
[9] David Reich, *Who we are and how we got here*, Oxford 2018.

Stereotypen neuen Auftrieb geben. Auch wenn, wie Reich betont, die genetischen Differenzen zwischen den Geschlechtern viel tiefgreifender sind als die zwischen Menschengruppen und die Unterschiede zwischen Individuen um ein vielfaches größer sind als die durchschnittlichen zwischen Menschengruppen, lassen die neueren Forschungsergebnisse eine Diskussion über die wissenschaftliche Basis des ethischen Postulats der Gleichheit aller Menschen befürchten. Reich fordert deshalb einen öffentlichen wissenschaftlichen Diskurs über die aktuelle Genforschung, und auch darüber, wie grundsätzlich mit Ergebnissen wissenschaftlicher Forschung umzugehen sei.[10]

Die für liberale Demokratien bestimmende Ethik gleicher Rechte und Chancen beruht auf dem Postulat einer elementaren Gleichheit aller Menschen. „Die Menschen werden frei und gleich an Rechten geboren und bleiben es" heißt es im ersten Artikel der französischen Menschenrechtserklärung von 1789. Darin steckt zugleich eine oberste Norm der politischen Ethik – die Forderung einer Gleichbehandlung aller Menschen in grundlegenden rechtlichen Fragen – und eine Wirklichkeitsbeschreibung. Dies bedeutet nicht, bestehende Unterschiede hinsichtlich der Anlagen, Fähigkeiten und Interessen von Menschen zu leugnen. Es geht auch nicht darum, Ungleichbehandlung pauschal zu verbieten und Menschen in allen Angelegenheiten gleich zu behandeln. Schließlich haben Menschen auch verschiedene Interessen und Bedürfnisse. Das Credo des liberalen Egalitarismus ist es aber sehr wohl, alle Menschen gleichermaßen zu achten und ihren Rechten und Interessen die gleiche unparteiische Beachtung zu schenken.

Diese von der egalitären Ethik geforderte Gleichbehandlung in grundlegenden Fragen würde unterminiert, wenn statistisch signifikante genetische Unterschiede zwischen Menschen und Menschengruppen so gedeutet werden, dass bestimmte Menschen oder Menschengruppen keine gleiche Berücksichtigung verdienen oder dass diese Menschen nicht zu denen zählen, denen gleiche Rechte zugeschrieben werden können. Allerdings hat gerade Reich schon in seinem Artikel in der New York Times solche Interpretationen mit Hinweis auf die viel stärkeren genetischen Unterschiede zwischen den Geschlechtern und den Individuen ausdrücklich zurückgewiesen.

Die von Reich angesprochene Problematik ist nicht auf die Populationsgenetik beschränkt. Sie betrifft ebenso andere Wissenschaften, in denen durch methodische und technische Innovationen ermöglichte neue Erkenntnisse grundlegende Aspekte unseres ethischen Selbstverständnisses in Frage zu stellen

---

10 Zur Diskussion über Reichs Analysen und Thesen vgl. die im Wikipedia-Artikel „Who we are and how we got here" angeführte Literatur (https://en.wikipedia.org/wiki/Who_We_Are_and_How_We_Got_Here, besucht am 30.06.2019).

scheinen. Die Gendiagnostik und molekulare Medizin sind hier ebenso zu nennen wie die Entwicklungen im Bereich der „künstlichen Intelligenz", mit deren Hilfe unbegrenzte Datenmengen über Menschen und ihre Verhaltensweisen ausgewertet werden können. Wissenschaftlicher Fortschritt führt hier zu Erkenntnissen über statistisch signifikante Unterschiede zwischen Menschen und Menschengruppen, die entweder vorher noch nicht bekannt waren oder die jedenfalls bisher keine wissenschaftlich gesicherte Basis für Prognosen und rational-kalkulierte Entscheidungen boten.

Die neu gewonnenen Erkenntnisse und Klassifikationen sind nicht notwendiger Weise und in jeder Hinsicht ethisch problematisch. Dies beweisen die Perspektiven einer geschlechterspezifischen und individuell adaptierten Gesundheitsfürsorge etwa in der Behandlung von Krebserkrankungen. Die Berücksichtigung von genetisch erklärten Unterschieden wird durch das ethische Postulat der Gleichheit aller Menschen nicht ausgeschlossen, weil die ethisch geforderte Behandlung als Gleiche die kontextspezifische Berücksichtigung relevanter Unterschiede verlangt, insofern erst durch sie die gleiche Berücksichtigung der gleichen Interessen und Ansprüche aller gewährleistet werden kann. Kontrovers diskutiert wird jedoch die Klassifikation menschlicher Eigenschaften und Verhaltensweisen, wenn die Orientierung an „statistischen Merkmalen" zu Formen der Ungleichbehandlung führt, die mit Belastungen der Betroffenen einhergehen und womöglich ihre individuellen Rechte tangieren. Zu denken ist etwa an die Praxis des Erstellens von Täterprofilen nach Gesichtspunkten der (genetisch ermittelbaren) Zugehörigkeit zu Menschengruppen: Um die Effektivität der Kriminalitätsbekämpfung zu erhöhen, werden, wenn die Erhebung der individuellen Unterschiede in der Handlungssituation praktisch nicht möglich ist, statistisch relevante Unterschiede zwischen Menschengruppen für polizeiliche Maßnahmen so berücksichtigt, dass Menschen, die bestimmten Menschengruppen angehören, z. B. häufiger polizeilich kontrolliert und befragt werden. Dann sind diese Menschen aber den damit einhergehenden Belastungen und Risiken entsprechend stärker ausgesetzt. Auch vor dem Hintergrund anderweitig fragwürdiger Polizeipraktiken ist durchaus umstritten, unter welchen Bedingungen die Praxis des Profiling legitim ist oder grundlegende Rechte der Betroffenen verletzt.[11]

Neue Technologien scheinen auch genetisches Enhancement zu ermöglichen, also die gewollte Produktion von genetischen Unterschieden, die mit erwünschten

---

11 Vgl. Annabelle Lever, „Racial Profiling and the Political Philosophy of Race", in Naomi Zack (Hg.), *The Oxford Handbook of Philosophy and Race*, New York 2017, S. 425–35, und die dort diskutierte Literatur.

Eigenschaften von Menschen korrelieren und womöglich einen entscheidenden Einfluss auf Bildungs- und Berufschancen haben. Neben grundlegenden Fragen des Verständnisses der Gattung Mensch, der individuellen Autonomie und der Grenzen eines legitimen Paternalismus im Eltern-Kind Verhältnis steht zu befürchten, dass genetisches Enhancement schwierige neue Fragen der Berücksichtigung von Unterschieden zwischen Menschen nach sich zieht, selbst wenn wider Erwarten allen Eltern genetisches Enhancement ihrer Kinder gleichermaßen offen stünde.[12] Eine solche Frage könnte sein: Haben Menschen, die in der Ausbildung oder im Beruf weniger gut abschneiden und deren Eltern auf genetisches Enhancement verzichtet haben, Anspruch auf besondere gesellschaftliche Unterstützung?

Die politische Ethik muss die Einsichten der empirischen Wissenschaften berücksichtigen. Neue Formen der wissenschaftlich-technischen Datengewinnung und Datenverarbeitung bringen Erkenntnisse hervor, die geeignet sind, zur Grundlage – je nachdem – gerechtfertigter oder nicht gerechtfertigter Ungleichbehandlung und entsprechender gesellschaftlicher Handlungsschemata zu werden. Wir stehen deshalb ganz allgemein und mit Blick auf ein breites Spektrum aktueller wissenschaftlicher Entwicklungen vor eben der Frage, die David Reich speziell für sein Arbeitsfeld in der Genetik formuliert hat: Welche Formen des Miteinander und welche neuen institutionellen Arrangements braucht unsere Gesellschaft, wenn sie mit Erfolg am Gleichheitspostulat einer egalitären Ethik festhalten will?

Aus sich heraus beantworten die Natur- und Technikwissenschaften diese Frage nicht. Aber auch eine rein normativ ansetzende Moralphilosophie oder Theologie allein vermag keine Antwort zu geben. Worum es geht, ist die kreative Ausgestaltung und Stabilisierung der zentralen Praktiken und Arrangements einer dem Gleichheitspostulat verpflichteten Gesellschaft. Und eben diese Ausgestaltung kann nur mit einem multidisziplinären Ansatz und unter systematischer Einbeziehung der Sozial- und Kulturwissenschaften gelingen.

IV Die inner-universitäre Öffentlichkeit

Kann es für die in den beiden vorangegangenen Abschnitten beispielhaften skizzierten Problemlagen also kein *Public Understanding of Science* geben, weil es an entscheidenden Punkten nichts gibt, was als gesicherte wissenschaftliche

---

12 Zum Stand der Debatte vgl. die Beiträge in Steve Clarke et al. (Hg.), *The Ethics of Human Enhancement: Understanding the Debate*, Oxford 2016.

Erkenntnis gelten könnte? Da es ganz wesentlich Probleme wie diese sind, die zu einem Vertrauensverlust in die Wissenschaft führen, wäre das fatal.

Nun hindert uns nichts daran, die Vorstellung aufzugeben, das *Public Understanding* ziele lediglich auf die Vermittlung bereits erarbeiteter Wissensbestände. „Wissenschaftskommunikation" lässt sich ja auch so verstehen, dass ergebnisoffene und multidisziplinäre Prozesse der diskursiven wissenschaftlichen Erkenntnisgewinnung selbst eingeschlossen sind.

Um diesen Gedanken zu verfolgen, müssen wir zwei Vorstellungen aufgeben, die einem umfassenderen Verständnis von *Public Understanding* entgegenstehen: Erstens die Vorstellung der Wissenschaftskommunikation als eines Austausches zwischen zwei Welten – der Welt der Wissenschaft und der Welt der nicht-wissenschaftlichen Öffentlichkeit und Politik – und zweitens die Vorstellung, dass die durch das *Public Understanding* zu überwindende Kommunikationsbarriere genau zwischen diesen beiden Welten verläuft.

Die implizite Zwei-Welten-Metaphorik des *Public Understanding of Science* Konzepts hat zur Folge, dass die durch die wissenschaftliche Welt selbst verlaufenden Kommunikationsbarrieren und die in ihr zu beobachtenden Lagerbildungen systematisch nicht in den Blick kommen. Tatsächlich ist jedoch schon die Rede von *der* Wissenschaft nicht weniger pauschal und undifferenziert als die Rede von der einen Vernunft, auf der letztlich alle menschliche Erkenntnis beruhe. Die methodischen und theoretischen Gräben im Wissenschaftssystem moderner Gesellschaften sind seit C. P. Snows Vorlesung *The Two Cultures and the Scientific Revolution* in Cambridge nicht nur deutlich tiefer geworden. Sie haben sich auch weiter ausgebreitet. Aus der von Snow 1959 konstatierten Entfremdung zwischen den mathematisch-naturwissenschaftlichen Disziplinen auf der einen und den Geistes- und Sozialwissenschaften auf der anderen Seite ist inzwischen unter dem Eindruck einer post-strukturalistischen und rationalitätskritischen Postmoderne zum Teil offene Feindschaft geworden, nicht nur zwischen den beiden großen Bereichen, sondern auch innerhalb der Geistes- und Sozialwissenschaften.[13]

So wie die Dinge liegen, beginnen die Probleme einer wissenschaftsfernen Öffentlichkeit nicht erst vor den Toren der Universitäten und Akademien, sondern bereits in den Hörsälen, Seminaren und Fakultäten. Hier muss ein umfassenderes Verständnis des *Public Understanding* ansetzen, ein Verständnis, das die Prozesse einer diskursiven Urteilsbildung und Erkenntnisgewinnung innerhalb der Wissenschaft, in dem, was man die inner-wissenschaftliche oder inner-universitäre

---

13 Siehe etwa die Beiträge in Paul R. Gross, Norman Levitt (Hg.), *Higher Superstition. The Academic Left and its Quarrels with Science*, Baltimore 1994.

Öffentlichkeit nennen könnte, selbst explizit in den Katalog programmatischer Zielsetzungen aufnimmt.

Universitäten können mit Blick auf dieses Ziel zusammen mit außeruniversitären Forschungseinrichtungen und Akademien zu wichtigen Akteuren werden. Hier geht es weder um strategische Politikberatung noch um Prozessbegleitung und Mediation in öffentlichen Auseinandersetzungen. Beides setzt die problematische Auffassung getrennter Welten und Funktionslogiken von Wissenschaft, Öffentlichkeit und Politik voraus, eine Auffassung, die es zu überwinden gilt, weil sich mit ihr die oben beschriebenen Problemlagen nicht bewältigen lassen. Wir haben es mit komplexen gesellschaftlichen Herausforderungen zu tun, auf die noch unbekannte Antworten gesucht werden. Diese können nur gefunden werden, wenn das Zusammenspiel aller Disziplinen in der inner-wissenschaftlichen Öffentlichkeit in neuer Weise koordiniert wird.

Dazu können Universitäten einen wesentlichen Beitrag leisten. Charakteristische Merkmale der inner-universitären Öffentlichkeit lassen diese zu einem besonders gut geeigneten Ort für eine zugleich wissenschaftlich und moralisch-politisch informierte Klärung gesamtgesellschaftlicher Problemlagen werden. Dies gilt insbesondere dann, wenn es ihnen gelingt, neben Wissenschaftlern auch Vertreter aus anderen gesellschaftlichen Bereichen (Zivilgesellschaft, Wirtschaft, Medien, Politik) und vor allem ihre Studierenden in einen multidisziplinären und inter-fakultären Diskurs über große gesellschaftliche Fragen einzubeziehen.

Die Lebenssituation von Studierenden an Universitäten zeichnet sich im Vergleich mit anderen sozialen Gruppen – einschließlich der Gruppe der Nachwuchswissenschaftler auf universitären oder außeruniversitären Qualifikationsstellen – durch eine große Offenheit aus. Die von vielen Studierenden empfundene Freiheit von direkten biographischen oder beruflichen Anforderungen begünstigt zusammen mit dem Wunsch nach Selbstfindung und Neuorientierung die Bereitschaft zur kreativen Auseinandersetzung mit sozialen, ethischen, künstlerischen und wissenschaftlichen Problemen aller Art. Nicht selten haben politische Reformen und gesellschaftliche Umbrüche ihren Ursprung an den Universitäten, und es ist nicht verwunderlich, dass unter autokratischen Regimen Universitäten einer besonderen Kontrolle unterliegen und schon bei ihrer räumlichen und baulichen Anlage militärische Ordnungs- und Sicherheitsbelange eine Rolle spielen.

Den an Universitäten Lehrenden bietet die verfassungsrechtlich garantierte Freiheit von Forschung und Lehre einen erheblichen Spielraum in der Ausübung ihrer Tätigkeiten. Die bestehenden Freiheiten in der Festlegung von Forschungsthemen ebenso wie in der Erfüllung ihrer Lehrverpflichtungen eröffnen Professorinnen und Professoren die Möglichkeit, breit gestreut Themen- und Problemstellungen allein deswegen zu verfolgen und mit Studierenden zu erörtern, weil sie diese aus wissenschaftlichen, ethischen, politischen oder anderen Gründen für relevant halten. Man muss keine hohe Meinung von professoraler Freiheitsliebe und Widerständigkeit haben, um zu sehen, dass dieser Spielraum auch – zum Guten wie zum Schlechten – genutzt wird.

Ein weiteres Charakteristikum der inner-universitären Öffentlichkeit liegt in der wissenschaftlichen Methodik und in dem, was man den wissenschaftlichen Denkstil nennen könnte. Dazu gehören die Forderungen der empirischen Validierung und statistischen Absicherung von Aussagen und der Überprüfung ihrer logischen Konsistenz ebenso wie die Grundsätze „guter wissenschaftlicher Praxis" sowie darüber hinaus die weniger gut operationalisierbaren wissenschaftlichen Tugenden etwa der Unvoreingenommenheit und der Offenheit für Kritik und Widerlegung.

Auch wenn bedeutende Erkenntnisfortschritte oft durch großartige Leistungen Einzelner zustande kommen, ist die Wissenschaft ganz wesentlich ein gemeinschaftliches Unternehmen, das ohne geeignete Formen des Austauschs und der sozialen Kooperation nicht denkbar wäre. Die Rede von den Schultern der Riesen, auf denen wir in der Wissenschaft stehen, betont die historische Verbundenheit der Forschenden. Die gegenwärtig Forschenden blicken, so die optimistische Erwartung, weiter und schärfer, weil sie von den Ergebnissen früherer Wissenschaftler haben lernen können. So gelten universitäre Forschungsgruppen, deren Mitglieder verschiedenen Generationen angehören und verschieden weit fortgeschritten sind, als besonders erfolgversprechend nicht nur unter den Gesichtspunkten der Lehre und Nachwuchsförderung, sondern auch wegen ihres besonderen Innovationspotentials.

Von besonderer Bedeutung ist, dass wissenschaftliche Forschung und universitäre Lehre als ein sozial „organisierter Skeptizismus"[14] und als eine Kooperation von im Prinzip Gleichgestellten verstanden wird. Dies setzt keinen Gleichstand von Lehrenden und Lernenden voraus und, im Disziplinen übergreifenden Austausch unter Wissenschaftlern, auch keine annähernd gleichen Kenntnisse und Kompetenzen. Dies anzunehmen wäre nicht nur unrealistisch, es würde auch eine wichtige Pointe arbeitsteiliger Kooperation verkennen, die darin besteht, Menschen zusammen zu führen, die über unterschiedliche Informationen und Fähigkeiten verfügen. „Organisierter Skeptizismus" bedeutet gleichwohl, dass nicht nur im fachlichen Austausch unter Spezialisten, sondern auch schon in der Lehrveranstaltung für Bachelorstudierende etablierte Wissensbestände und wissenschaftliche Methoden als grundsätzlich fallibel vorgestellt werden und als

---

[14] Vgl. Robert K. Merton, „The Normative Structure of Science" (1948), in ders., *The Sociology of Science. Theoretical and Empirical Investigations*, Chicago 1973, S. 267–280.

etwas, das zumindest im Prinzip auch von einer Studierenden oder einem Studierenden widerlegt werden könnte, vorausgesetzt nur, dass sie sich der für wissenschaftliche Argumentationen im jeweiligen Bereich einschlägigen Methoden bedienen.

V Die öffentliche Rolle der Universitäten

Demokratische Legitimität kennt keine Philosophenkönige und erlaubt auch keine besonderen Vorrechte von Wissenschaftlern in der Politik. Aussagen darüber, was der Gerechtigkeit oder dem Gemeinwohl förderlich ist und was nicht, beruhen auf Wertvorstellungen, über die vernünftige Menschen verschiedener Meinung sein können. Es kann deshalb nicht die Aufgabe einer auf Objektivität und Allgemeingültigkeit festgelegten Wissenschaft oder Moralphilosophie sein, in diesen Feldern für alle verbindliche Aussagen zu machen oder Entscheidungen zu treffen. Dies muss einer durch Wahlen und Abstimmungen demokratisch legitimierten Politik überlassen bleiben. Wissenschaftliche Expertise und rationale Argumentation können dazu offenbar nur indirekt und beratend etwas beitragen: durch die Ermittlung von Sachlagen, Entwicklung von Szenarien und Exploration von Handlungsoptionen sowie durch die Explikation und Begründung rationaler Kriterien moralischer oder rechtlicher Akzeptabilität.

Max Webers vertraute Gegenüberstellung von wissenschaftlicher Tatsachenermittlung und politischer Bewertung ist analytisch sinnvoll und sowohl für die wissenschaftliche Praxis als auch für die Politikberatung von kaum zu überschätzender Bedeutung. Wenn sie im Sinne einer völligen intellektuellen Abtrennung von Tatsachen und Werten, Wissenschaft und Politik missverstanden wird, erzeugt sie am Ende aber mehr Probleme als durch sie gelöst werden (siehe hierzu auch die Überlegungen von Silja Vöneky in diesem Band, S. 35–46).

Es kommt zu begründeten Meinungsverschiedenheiten im Übrigen nicht nur, wenn es um Werte und Normen geht. Es gibt sie auch in den empirischen Wissenschaften, zum Beispiel mit Blick auf die Deutung der Relevanz von Unsicherheiten und Nicht-Wissen innerhalb einer Disziplin, die Interpretation von Beobachtungsdaten und die Erklärungskraft von konkurrierenden Theorien im selben Bereich. Niemand würde daraus aber vernünftiger Weise den Schluss ziehen, dass Fragen wie diese aus dem Bereich des wissenschaftlich Behandelbaren ausgeschlossen werden müssten. Auf der anderen Seite haben die Gräuel der beiden Weltkriege und der Shoa der Vorstellung das Wasser abgegraben, wenn es um Werte gehe, gäbe es nur Meinungen und Gefühle, aber keine Rationalität oder Objektivität. (Man möchte nicht sagen müssen, die Verurteilung von Massenmord und Genozid sei eine Meinungs- oder Gefühlssache.) Hinzu kommt, dass die Entwicklung der Moralphilosophie nach dem Zweiten Weltkrieg, insbesondere im Bereich der Gerechtigkeitstheorie, zeigt, in wie hohem Maße Werturteile und Normvorstellungen eben doch – nicht grundsätzlich anders als empirisch-wissenschaftliche Aussagen – einer rationalen Begründung und Überprüfung zugänglich sind, auch wenn sie in vielen Fällen nicht zu eindeutigen Antworten führen.

Selbst wenn wir – wie nicht wenige – annehmen, dass es im Bereich der empirischen Wissenschaften immer *eine* richtige Antwort gibt, auch wenn wir sie noch nicht kennen, im Bereich der moralischen, religiösen oder politischen Werturteile dagegen nicht, lässt sich kaum bestreiten, dass Fragen der Gerechtigkeit und des Gemeinwohls in rationaler und methodischer Weise erörtert und nicht selten auch beantwortet werden können. Dies ist deshalb von weitreichender Bedeutung, weil, wie wir gesehen haben, in zahlreichen gesellschaftlichen Problemfeldern normative und empirische Aspekte so eng miteinander verbunden sind, dass man sie vernünftiger Weise nicht getrennt voneinander behandeln kann.

Wir betrachten es als eine wichtige Forderung an Universitäten, an diesem Punkt anzusetzen und ihr kritisches wissenschaftliches Potential gesellschaftlich zur Geltung zu bringen. Im Überschneidungsgebiet von Wissenschaft, Öffentlichkeit und Politik sollten dazu universitäre Foren eingerichtet werden, in denen die Beteiligten in personell wechselnden Konstellationen über ethisch-wissenschaftlich kontroverse Themen diskutieren. Die Universitäten könnten sich durch die erfinderische Ausgestaltung und Etablierung solcher Foren profilieren und dabei zugleich einen Teil ihres gesetzlichen Auftrags und ihrer gesellschaftlichen Verpflichtung erfüllen.

Entscheidend sind vergleichsweise offene Strukturen – jedenfalls keine Gremien mit Geschäftsordnung und festem Teilnehmerkreis –, in denen Lehrende und Lernende, Wissenschaftler und Nicht-Wissenschaftler aus verschiedenen Bereichen nach selbstbestimmten Arbeitsplänen und Tagesordnungen über gesellschaftliche Grundsatzfragen beraten. Am Ende solcher Beratungen stünde in der Regel kein Konsens und niemals ein mehrheitlich beschlossenes Votum, das man im Anschluss der Öffentlichkeit und Politik mitteilen könnte. Die Universitätsforen haben ihre Aufgabe erfüllt, wenn sie zu klären helfen, welche Antworten auf gesellschaftlich drängende Fragen trotz der bestehenden Meinungsverschiedenheiten in einer pluralistischen Gesellschaft wissenschaftlich informiert und moralisch verantwortbar erscheinen.

Plurale, aber darum nicht weltanschaulich beliebige Ergebnisse dieser Art stehen im Zentrum eines hinreichend weiten Konzepts von *Public Understanding of Science*. Die Universitäten sollten sie als ein wesentliches Element ihrer strategischen Wissenschaftskommunikation betrachten und als solche weithin bekanntmachen. So würde die (erweiterte) inner-universitäre Öffentlichkeit zu einer Art *Clearing House* für die allgemeine demokratische Öffentlichkeit; und die Universitäten würden ihren Beitrag dazu leisten, den internetgestützten Irrationalismus und Populismus unserer Tage zurückzudrängen.

Maike Weißpflug, Johannes Vogel
Museen

Bei der Öffentlichkeit der Wissenschaft handelt es sich auf den ersten Blick um etwas Selbstverständliches. Wissenschaft *ist* doch öffentlich, und mehr noch: ohne Öffentlichkeit undenkbar! Als wir im Museum für Naturkunde Berlin kürzlich diskutierten, ob ein neues Forschungsfeld „Offene Wissenschaft" oder „Öffentliche Wissenschaft" genannt werden sollte, schüttelten einige Beteiligte den Kopf: Öffentlich sei die Wissenschaft ja immer schon gewesen, neu sei vielleicht höchstens die „Offene Wissenschaft" im Sinne von *Open Science* oder *Citizen Science*.

Obwohl die Rede von der Öffentlichkeit der Wissenschaft einleuchtend klingt, ist sie klärungs- und differenzierungsbedürftig. Im Zeitalter der digitalen Transformation und einer zunehmenden Politisierung der Wissenschaft, etwa rund um die Klimadebatte, geraten die Begriffe ins Rutschen. Es erscheint uns darum als genau der richtige Moment, um das Verhältnis von Wissenschaft und Öffentlichkeit neu zu diskutieren.

Unser Beitrag besteht aus zwei größeren Teilen. Im ersten Teil (Abschnitte I bis III) setzen wir uns theoretisch mit den verschiedenen Bezügen von Wissenschaft und Öffentlichkeit auseinander. Im zweiten Teil (Abschnitte IV bis VI) betrachten wir die Rolle von Museen als Orten öffentlicher und, was uns besonders wichtig ist, *offener* Wissenschaft. Um die Bedeutung von Öffentlichkeit für die Wissenschaft in den Blick zu nehmen, diskutieren wir diese zunächst im Hinblick auf zwei Dimensionen: zum einen die öffentliche Kommunikation (bzw. das Veröffentlichen als inner-wissenschaftliches Prinzip), zum anderen das gesellschaftliche Recht auf Teilhabe an Wissenschaft. Beide Dimensionen lassen sich analytisch unterscheiden, gehen jedoch insbesondere im Kontext der Debatte um eine offene Wissenschaft ein neues, engeres Verhältnis ein.

Im Anschluss schauen wir uns die Debatte um die offene Wissenschaft genauer an und zeigen, wie das Prinzip der inner-wissenschaftlichen Kommunikation hier erweitert und letztlich transformiert wird. Das Verhältnis von Wissenschaft und Öffentlichkeit wird neu bestimmt, da sich die Wissenschaft angesichts der großen Herausforderungen in vielen (jedoch nicht allen) Bereichen wieder stärker an gesellschaftlichen Bedarfen orientiert. Zudem werden wissenschaftliche Praktiken zunehmend über die engen Grenzen der wissenschaftlichen *Communities* hinaus aufgegriffen, wie wir am Beispiel von *Citizen Science* zeigen.

Vor diesem Hintergrund rufen wir dazu auf, die neuen Möglichkeiten der offenen Wissenschaft zu umarmen. Am Beispiel von Naturkundemuseen stellen wir exemplarisch Museen als neue Orte der Begegnung von Wissenschaft und

Gesellschaft vor und diskutieren die damit verbundenen Praktiken. Wir wollen anhand dieser Beispiele Wege aufzeigen, wie sich die Wissenschaft radikal öffnen und transformieren kann, um ihre Rolle zu erfüllen, nämlich Statthalter rationaler Wahrheitsfindung *und* ein Ort der Koproduktion von Wissen für eine lebenswerte Welt von morgen zu sein. Wir brauchen eine neue Wissenschaft, die sich wieder stärker als Teil gesellschaftlicher Problemlösungsprozesse versteht.

Missionsgetriebene Forschung kann, aber muss dabei nicht unbedingt in einem Widerspruch zur Freiheit der Wissenschaft stehen. Zumal die Bedrohung für die Freiheit heute auch von einer anderen Seite droht: Die rationale Moderne steckt inmitten ihrer größten Krise seit der totalitären Katastrophe im 20. Jahrhundert. Sie droht durch die Vernichtung der Biodiversität, die Klimaerwärmung und das massive Eingreifen in die Erdsysteme auch ihre eigene Lebensgrundlage zu zerstören. Wenn die Selbsterhaltung der wesentliche Grundstein rationalen Handelns ist, sind wir auf dem besten Wege, eine irrationale Zivilisation zu werden. Es ist jedoch nicht zu spät, alternative Pfade einzuschlagen – eine Wissenschaft, die sich der Gesellschaft weiter öffnet und ein starkes Resonanzverhältnis mit der Öffentlichkeit eingeht, wäre ein Teil der Lösung.

I Öffentliche Kommunikation als wissenschaftliches Prinzip

Öffentlichkeit, d. h. die Zugänglichkeit und Überprüfbarkeit von Forschungsergebnissen, ist Voraussetzung für ein funktionierendes Wissenschaftssystem. Historisch entstand mit den modernen Kommunikationsmitteln, allen voran die Druckerpresse, die Möglichkeit zu einem ortsübergreifenden, öffentlichen und systematischen Gedankenaustausch. Dieser erst machte die Entstehung der modernen Wissenschaft möglich. Wissenschaftlerinnen und Wissenschaftler können so Wissen austauschen, hinterfragen, erweitern oder verwerfen. Das wissenschaftliche Publikationssystem sorgt dafür, dass das Wissen geprüft und aufgenommen werden kann und dass es verbreitet und archiviert wird. Ohne diesen Prozess, ohne die öffentliche Kommunikation von Forschung wären die immense Erweiterung des wissenschaftlichen Wissens und der immense Erkenntnisfortschritt nicht denkbar. Dass Wissenschaftlerinnen und Wissenschaftler öffentlich kommunizieren, gewährleistet die Durchsichtigkeit der Wahrheitsfindungsprozesse und erlaubt prinzipiell jedem, Ergebnisse nachzuvollziehen und zu überprüfen.

Gegenwärtig vollzieht sich der Prozess der wissenschaftlichen Veröffentlichung in der Regel in einem mehrstufigen Prozess, in dem dieser eine innerwissenschaftliche Qualitätssicherung durch Fachexperten vorgeschaltet ist. In vielen – wenn auch immer noch nicht allen – wissenschaftlichen Disziplinen gilt das

Peer Review-Verfahren hierfür als der Goldstandard. Dieser wird jedoch zunehmend als nicht mehr ausreichend für die Bewertung der Qualität von Forschung angesehen. Gerade die empirischen Wissenschaften befinden sich in einer Reproduzierbarkeitskrise. Zunehmend setzt sich die Forderung nach einer stärkeren Öffnung des wissenschaftlichen Prozesses als Garant für die Überprüfbarkeit und Nachvollziehbarkeit wissenschaftlicher Ergebnisse durch, etwa durch die Veröffentlichung der Forschungsdaten als *Open Data* und die Einführung von neuen Standards wie *FAIR (findable, accessible, interoperable, re-usable) Data*. Auf die Debatte um *Open Science* und die Erwartungen an eine Öffnung wissenschaftlicher Kommunikationsprozesse werden wir später genauer eingehen.

Zunächst wenden wir uns der zweiten Bedeutung der Öffentlichkeit für die Wissenschaft zu: Das Veröffentlichen ist nicht nur ein funktionales Element im Wissenschaftssystem, das den Prozess der Wahrheitsfindung unterstützt, es stellt auch eine unersetzliche Garantie für die Freiheit der Wissenschaft dar. Das Recht, im Namen der Wahrheitsfindung alles denken, sagen und veröffentlichen zu dürfen, bildet das unverzichtbare Fundament jedes freien wissenschaftlichen Arbeitens. Wer die Freiheit der Wissenschaft in Anspruch nimmt, sollte dieses Argument nicht übergehen. Die interne Verschränkung von Öffentlichkeit und Freiheit fordert auf, nicht nur auf dem Selbstbestimmungsrecht von Wissenschaftlerinnen und Wissenschaftlern zu beharren (etwa dem Recht, über den Ort der Publikation zu entscheiden), sondern zugleich auf ihrer Pflicht, öffentlich zu publizieren. An diesem Punkt – und der umstrittenen Frage, wie umfassend die adressierte Öffentlichkeit sein soll – nimmt die Debatte um *Open Access* und *Open Science* ihren Anfang.

II Das Recht auf Teilhabe an der Wissenschaft

Die moderne Wissenschaft war von Beginn an auf die Resonanz einer breiteren Öffentlichkeit angewiesen und wusste diese Öffentlichkeit häufig auch klug für sich zu nutzen. Spektakuläre öffentliche Experimente, wie etwa die Erfindung der Ballonfahrt und die damit verbundenen Studien zum Wetter und zum Aufbau der Atmosphäre, verknüpfen den Aufstieg der modernen Wissenschaft mit der Entstehung einer bürgerlichen Öffentlichkeit, die am Geschehen Anteil nahm und sich auch über diese Praxis der öffentlichen Teilnahme definierte.

Das Recht auf Teilhabe an der Wissenschaft hat bereits früh seinen Eingang in die Vertragswerke zur Formulierung der Menschenrechte gefunden: Im UN-Sozialpakt, eines der ersten völkerrechtlich bindenden internationalen Menschenrechtsübereinkommen und neben der Allgemeinen Erklärung der Menschenrechte bestimmender Kern des UN-Menschenrechtskodex, ist die Teilhabe „an den Errungenschaften des wissenschaftlichen Fortschritts und seiner Anwendung" (UN-Sozialpakt, Artikel 15, Absatz 1 (b)) prominent formuliert.

Heute erscheint uns das Recht auf Wissen selbstverständlich. Es umfasst nicht nur das Recht auf Bildung, sondern wird zunehmend auch als umfassendes Recht auf freien Zugang zu Wissensbeständen verstanden und als Recht auf Teilhabe an der gesellschaftlichen Wissensproduktion. Beispiele wie die freie Online-Enzyklopädie Wikipedia zeigen, dass dies nicht nur hehrer Wunsch, sondern bereits gelebte, wenn auch noch nicht umfassend durchgesetzte, Praxis ist.

Das Recht auf öffentliche Teilhabe an Wissenschaft wird auch durch ein demokratietheoretisches Argument unterstützt: In der demokratischen Wissensgesellschaft müssen sich Bürgerinnen und Bürger frei über den Zustand und die Probleme der Gesellschaft informieren können. Dazu gehört neben dem freien Zugang zu Medien auch der Zugang zu wissenschaftlichen Ergebnissen. Die Aufgabe der Öffentlichkeit und ihrer Institutionen ist es, diesen Zugang so zu strukturieren, dass er für alle ohne erhebliche Einschränkungen (z. B. unerschwingliche Gebühren) möglich ist. Die jüngsten Beispiele aus der Klimadebatte zeigen, wie zivilgesellschaftliche Akteure sich in einem bislang nicht gekannten Maße auf wissenschaftliche Erkenntnisse beziehen. Und mehr noch: Die *Fridays for Future*-Bewegung greift nicht nur in hohem Maße auf wissenschaftliche Erkenntnisse der Klimaforschung zurück; sie fordert die politischen Entscheidungsträger auch auf, diese Erkenntnisse zur Grundlage klimapolitischer Entscheidungen zu machen.

Das Video „Die Zerstörung der CDU" des YouTubers und Künstlers Rezo stellt ein ähnliches Novum dar: Bei dem Video handelt es sich um einen politischen Kommentar, der mit unzähligen wissenschaftlichen Belegen versehen ist. Dass sich zivilgesellschaftliches Engagement – welches zudem von neuen Akteuren, Schülerinnen und Schülern und *Social Media*-Aktivisten, getragen wird –, in einem solchen Maße der Wissenschaft annähert und sich dabei wissenschaftlicher Techniken bedient, ist neu.

III Offene Wissenschaft

In der Gegenwart erkennen wir eine Verschiebung von der traditionellen Öffentlichkeit der Wissenschaft – in ihren beiden erörterten Dimensionen – hin zu der Forderung nach einer offenen Wissenschaft. Die Idee eines offenen, d. h. freien und öffentlichen Zugangs zu wissenschaftlichen Publikationen kam bereits seit den frühen 2000er Jahren auf. Im Jahr 2001 forderte die damals junge *Public Library of Science* (PLoS) alle Wissenschaftlerinnen und Wissenschaftler dazu auf, nur noch in *Open Access*-Zeitschriften zu publizieren und nur noch für diese zu begutachten. Die „Berliner Erklärung" von 2003 ging noch einen Schritt weiter und beschrieb wissenschaftliche Literatur als kulturelles Erbe und „umfassende Quelle menschlichen Wissens", zu der jeder Mensch freien Zugang haben sollte.

Dies kann als normative Setzung, abgeleitet vom Recht auf Teilhabe an der Wissenschaft, verstanden werden, aber auch als ein funktionales Argument der Reichweite: Jedem Mitglied der wissenschaftlichen *Community* im Wettbewerb der Wahrheitsfindung prinzipiell unbeschränkten Zugang zu gewähren, kann in der digitalen und globalen Wissenschaftslandschaft letztlich nur durch einen freien und unbeschränkten Zugriff über digitale Medien realisiert werden.

Dieses Argument wäre schon ausreichend, um *Open Access* zu begründen. Die breitere Öffentlichkeit ist dabei zwar nicht der unmittelbare Adressat, aber ein direkter Nutznießer. Wir sollten jedoch noch weiter gehen und die partizipativen Prozesse der Wissensgenerierung, die sich nicht mehr allein auf die wissenschaftlichen *Peers* als Akteure stützen, mit in die Überlegung einbeziehen. Da sich inter- und transdisziplinäre Forschung längst breit etabliert hat, erweitert sich der Kreis derjenigen, denen Zugang zu den Kreisläufen des Wissens gewährt werden sollte. Forschende anderer Disziplinen, Akteure aus Zivilgesellschaft, Politik, Wirtschaft und gewöhnliche Bürgerinnen und Bürger sind für die Teilnahme an solchen Projekten auf den selbständigen Zugang zu wissenschaftlicher Literatur und Daten angewiesen.

Die Unterscheidung von interner und externer wissenschaftlicher Kommunikation, die schon immer von wechselseitiger Durchlässigkeit bestimmt war, löst sich so immer stärker auf. Die wissenschaftsinterne Kommunikation bleibt heute immer weniger auf die eigene wissenschaftliche *Peer Group* begrenzt, sondern wird zunehmend inter- und transdisziplinär verstanden. Dies hat auch mit dem Zuwachs an Komplexität und der hochgradigen Spezialisierung von Forschung zu tun sowie mit einem wachsenden Bewusstsein dafür, dass die Ergebnisse der eigenen Forschung auch für andere Zielgruppen wissenschaftlich interessant sein können – etwa für die Kollegin aus der Geschichtswissenschaft oder für ein transdisziplinäres Projekt zur Stadtentwicklung. Zum anderen wird die externe Wissenschaftskommunikation häufig nicht mehr allein als unidirektionale Vermittlung von wissenschaftlichen Ergebnissen verstanden. Es erscheint zunehmend sinnvoll, den Zugang zur internen wissenschaftlichen Kommunikation radikal offener zu gestalten, d.h. die Grenzen der Gelehrtenrepublik, die längst nicht mehr mit den Grenzen der Fachdisziplinen übereinstimmen, durchlässig zu gestalten.

Dieses bereits in der Frühzeit des Internets formulierte, utopische Bild einer globalen, auf freiem Wissensfluss basierenden Wissensgesellschaft ist eher als regulative Idee und weniger als ein vollständig erreichbares Ziel zu verstehen.

Auch wenn die Wissenschaft aus sich selbst heraus das Prinzip der öffentlichen Kommunikation erfordert, Wissenschaft also nicht ohne Öffentlichkeit auskommt, ist sie noch auf andere, nämlich heteronome Weise mit der Gesellschaft verbunden: Wissenschaft bleibt stets eingebettet in gesellschaftliche Entwicklungen, steht in ständigem wechselseitigen Austausch mit der Gesellschaft und ist von ihr in vielfacher Weise abhängig. Vor allem risikobehaftete Forschung (z. B. Atomforschung oder Genforschung) ist auf gesellschaftliche Legitimation angewiesen. Diese Spannung zwischen Gesellschaft und Wissenschaft scheint sich in Zeiten politischer Krisen regelmäßig zuzuspitzen.

Ein wacher Beobachter eines solchen Konflikts war der Soziologe Robert Merton, der heute häufig herangezogen wird, um das Ideal einer offenen Wissenschaft zu beschreiben (an der Berliner Humboldt-Universität ist sogar ein neues Zentrum für Wissenschaftsforschung nach ihm benannt worden). Eingang in den Diskurs um *Open Science* haben heute seine vier Schlagworte zur Wissenschaft – Universalismus, Kommunismus, Uneigennützigkeit und organisierter Skeptizismus – aus dem Text „The Normative Structure of Science" (1942) gefunden. Dabei ist es spannend, sich den Text in seiner Gänze noch einmal vorzunehmen.

Mertons Ausgangspunkt sind die politischen Angriffe auf die Wissenschaft in den USA der frühen 1940er Jahre. In den 1930er und 1940er Jahren entstand die Wissenschaftsfeindlichkeit im Kontext des Zweiten Weltkrieges. Das bestimmende Beispiel und Schreckbild war die nationalsozialistische Verbannung aller nicht-arischen Wissenschaftlerinnen und Wissenschaftler aus Deutschland und die rassenideologische Umgestaltung der deutschen Wissenschaft. Viele Sätze könnten jedoch auch von heute sein: Die Angriffe auf die Wissenschaft hätten Wissenschaftlerinnen und Wissenschaftlern vor Augen geführt, wie sehr sie von einer bestimmten sozialen Struktur abhängig seien. Die Manifeste und Positionspapiere jener Zeit sprechen für das Bedürfnis der Wissenschaft, sich ihrer selbst zu versichern. Doch, fügt Merton hellsichtig hinzu: Die Krise lädt zum Selbstlob ein.

Eine ähnliche Selbstversicherung lässt sich heute in der *March for Science*-Bewegung erkennen. Sie stellt in erster Linie eine Verteidigung der Wissenschaft gegen die populistischen Angriffe auf Tatsachenwahrheiten wie etwa die Leugnung des Klimawandels dar. Allerdings wurde auf den Demonstrationen häufig das reduktionistische Bild vermittelt, die Wissenschaft selbst produziere Fakten und Wahrheiten, sei also so etwas wie der Garant der Wahrheit. Diese Antwort erweist sich in einer Welt, in der wissenschaftliche Erkenntnisse, z. B. über die Klimaerwärmung und das Artensterben, eine immer größere gesellschaftliche Bedeutung gewinnen, zunehmend als ungenügend. Zur Bearbeitung dieser Probleme reicht es nicht aus, auf der Unantastbarkeit von Wissenschaft zu beharren.

Es braucht – und das wurde in der *March for Science*-Bewegung durchaus diskutiert – die Übernahme gesellschaftlicher Verantwortung durch Wissenschaftlerinnen und Wissenschaftler.

Das Motiv der Selbstbezüglichkeit zieht sich auch durch andere Debatten über das richtige Verhältnis von Wissenschaft und Öffentlichkeit. 1985 veröffentlichte die *Royal Society* in London ihren Bericht *The Public Understanding of Science* (PUS). Ziel war es zum einen, das Image der Wissenschaft in der Gesellschaft zu verbessern, zum anderen, die Öffentlichkeit stärker wissenschaftlich zu bilden und aufzuklären. Dies sollte am Ende dazu führen, politische Entscheidungsfindungsprozesse wissenschaftlicher und rationaler zu gestalten, und stellte sich schnell als falsche Hoffnung heraus. Das PUS-Konzept basierte zudem auf dem sogenannten Defizitmodell, also der Vorstellung eines Wissensdefizits der Bevölkerung, das durch bessere Vermittlung und Kommunikation überwunden werden sollte.

In den Folgejahren und unter dem Einfluss der Debatten um die Stärkung der Zivilgesellschaft trat eine neue Vorstellung auf den Plan: Das deliberative PEST-Modell (*Public Engagement with Science and Society*) forderte eine Kontextualisierung von Wissenschaft in öffentlichen Debatten. Das Ziel war es hier, eine öffentliche Bewertung der Wissenschaft vorzunehmen, etwa von Hochrisikotechnologien wie der Atomkraft. Öffentliche Debattenformate und die Einbeziehung zivilgesellschaftlicher Gruppen sollten den Prozess der öffentlichen Meinungsbildung strukturieren.

Im Gegensatz zum PUS-Modell erkennt dieses Modell an, dass es neben wissenschaftlicher Expertise andere Formen des Wissens gibt, die in die öffentliche Meinungsbildung miteinbezogen werden müssen. Es geht aber in gleicher Weise davon aus, dass sich der wissenschaftliche Prozess selbst nicht ändern muss. Es erlaubt der Gesellschaft zwar eine Einschätzung von Forschungsergebnissen und ein gewisses Mitspracherecht dort, wo gesellschaftliche Akteure betroffen sind. Letztlich findet sich das Defizitmodell hier aber in abgeschwächter Form wieder (zur Diskussion um PUS und PEST siehe auch die Beiträge von Krista Sager und Gert G. Wagner sowie von Wilfried Hinsch und Lukas Meyer in diesem Band, S. 21–34 und 87–103).

Beide Ansätze – PUS und PEST – sind nur noch bedingt zeitgemäß. Dies gilt vor allem für das beiden Ansätzen zugrunde liegende Defizitmodell. Aktuelle Beispiele für das Zusammenspiel von Wissenschaft und Öffentlichkeit wie die *Fridays for Future*-Bewegung oder das Rezo-Video zeigen, wie sich gesellschaftliche Akteure wissenschaftliches Wissen eigenständig, kompetent und aktiv aneignen, um eine stärkere Wissenschaftsorientierung der Politik in Bezug auf die Klimakrise und das Artensterben einzufordern. Im Grunde erscheint das wie die Verwirklichung des PUS-Memorandums mit umgekehrten Rollen. Es kann als starkes Zeichen für die Ankunft eines neuen Paradigmas gewertet werden: die gesellschaftliche Koproduktion von Wissen.

Im Kern geht es dabei darum, dass Wissenschaft sich als Teil der Gesellschaft versteht und sich anderen gesellschaftlichen Akteuren als Kommunikationspartnern dauerhaft öffnet. Das Ziel ist in diesem neuen Modell nicht mehr, die Gesellschaft wissenschaftlich zu belehren, indem man Wissen von oben vermittelt, sondern indem die Wissenschaft sich selbst verändert, öffnet und bereit ist, von der Gesellschaft zu lernen und ihr zuzuhören. Es wäre zugleich das Angebot an die Bevölkerung zur (Selbst-)Aufklärung, in Auseinandersetzung, durch Teilhabe und im Dialog mit der Wissenschaft. Während man – gemessen an den selbst formulierten Zielen – PUS und PEST relativ geringe Erfolgsquoten zusprechen kann, sind die Erfolgsaussichten für die Koproduktion von Wissen größer. Denn während PUS und PEST die Gesellschaft verändern wollten, setzt die Koproduktion von Wissen bei der Veränderung der Wissenschaft selbst an. Und wie wir aus dem Privaten wissen, kann man immer nur sich selbst und nie die andern erfolgreich ändern.

Der entscheidende Schritt ist, nicht mehr von einem Defizit an Wissen in der Bevölkerung und der Notwendigkeit einer Aufklärung auszugehen, sondern zu fragen, auf welche Weise Wissen aus der Gesellschaft für die Wissenschaft relevant wird, und dieses Wissen aufzugreifen. In vielen Fällen existiert dieses Wissen möglicherweise noch gar nicht, sondern wird durch gemeinsame Aktivitäten erst erzeugt.

Wir müssen an dieser Stelle jedoch eine Einschränkung vornehmen. Das Modell der Koproduktion von Wissen ist kein Allheilmittel und auch kein Selbstzweck. Es ist ein Ansatz, der bei bestimmten Fragestellungen und bestimmten Problemlagen, die wir heute häufig unter dem Terminus der „großen gesellschaftlichen Herausforderungen" fassen, auf je unterschiedliche Weise zum Tragen kommen kann. Nicht jede Disziplin und jedes Forschungsfeld sollte dem neuen Paradigma blind unterworfen werden. Vielmehr sollte die Frage sein, an welchen Stellen Wissenschaft mit gesellschaftlich drängenden Fragen in Berührung kommt.

Wir sind der Auffassung, dass es zur Freiheit der Wissenschaft gehört festzustellen, wo dies der Fall ist. Vielfach ist es aber auch so, dass wissenschaftliche Einrichtungen ohnehin in gesellschaftliche und politische Debatten hineingezogen werden und sich dann eine Erfahrung im Umgang mit dem öffentlichen Diskurs als unschätzbares Kapital einer Institution erweist. Als Paradigma dafür können Museen gelten.

IV Museen als Debattenorte

Als Robert Merton seinen Aufsatz über die normative Struktur der Wissenschaft schrieb, verfasste Margaret Mead einen kurzen Kommentar über „Museen im Ausnahmezustand"[1]. Drei Monate vor dem japanischen Angriff auf Pearl Harbor beschrieb die Anthropologin eine erstaunliche Beobachtung: Inmitten des allgemeinen Vertrauensverlustes in die Wissenschaft hatten die Museen es geschafft, vertrauenswürdige Wissensorte zu bleiben.

Mead erklärte dies wie folgt: Während des Museumsbesuchs könnten die Menschen ihren Sinnen vertrauen und beschäftigten sich frei mit den ausgestellten materiellen Objekten, die eine „einfache und ruhige Wahrheit" bereit hielten. Für Mead waren Museen darum Orte der Erneuerung des Vertrauens in die Wissenschaft und die Demokratie.

Dieses Bild gilt heute ganz sicher nicht mehr in diesem uneingeschränkten Sinne, aber dennoch bleibt ein Teil davon wahr. Museen sind Debattenorte geworden, an denen über die Präsentation der Objekte, ihre Herkunft und, damit verbunden, über globale Gerechtigkeit, den Umgang mit der Gewaltgeschichte und museale Praktiken überhaupt gestritten wird. Museen sind keine Orte der ruhigen Kontemplation mehr, sie sind heute Orte der gesellschaftlichen Auseinandersetzung.

Können sie dennoch Orte des Vertrauens in die Wissenschaft sein, und wenn ja, auf welche Weise? Sie können es, weil sie mit ihren Sammlungen und den Objekten eine greifbare Wirklichkeit beherbergen, eine Materialität, die Menschen zusammenbringt und dazu einlädt, in eine Auseinandersetzung um verschiedene Perspektiven auf diese Materialität einzutreten. Im Naturkundemuseum z. B. kann so über das Verhältnis von Mensch und Natur neu verhandelt werden – gerade angesichts der problematischen Geschichte der modernen Beherrschung und Eroberung der Welt, die an den Objekten auf vielschichtige Weise greifbar wird. Im Museum in Berlin experimentieren wir mit ganz unterschiedlichen Formen der Kommunikation: So haben wir das „Experimentierfeld" als offenen Raum in der Ausstellung geschaffen, in dem Wissenschaft und Besucherinnen und Besucher aufeinandertreffen und verschiedene Formen der Teilhabe an Wissenschaft ausprobiert werden können. Z. B. stellen wir die Räume jeden Freitag dem Austausch zwischen den Schülerinnen und Schülern der *Fridays for Future*-Bewegung und Wissenschaftlerinnen und Wissenschaftlern verschiedener Institute zur Verfü-

---

[1] Margaret Mead, „Museums in the Emergency", *Natural History*, 48, 1941, nachgedruckt in *Curator: The Museum Journal*, 43, 2000, S. 187.

gung. Das Museum wird so zum Debattenforum und zu einem Ort, an dem neue Ideen entstehen können.

Museen bewegen sich mit solchen Aktivitäten jedoch auf einem schmalen Grat zwischen der Rolle eines neutralen *Conveners* und der eines Akteurs mit einer eigenen Position und Haltung. Als Debattenort können sie ein Forum sein, in dem sich unterschiedliche Perspektiven und Meinungen in einem fruchtbaren Austausch begegnen. Zugleich bleiben sie bei diesen Aktivitäten nicht neutral, sondern positionieren sich bereits durch die Wahl der eingeladenen Akteure und die gewählten Themen. Wie politisch können Museen sein, ohne das gesellschaftliche Vertrauen zu verspielen? Das ist eine Frage, die in den kommenden Jahren an Bedeutung gewinnen und den Museen eine Menge wissenschaftlichen Mut und politische Klugheit abverlangen wird.

Wir haben Museen – insbesondere Forschungsmuseen und speziell Naturkundemuseen – nicht nur als Beispiel ausgewählt, weil wir diese Institution besonders gut kennen. In unseren Augen spielen öffentliche Orte, an denen sich sehr unterschiedliche Menschen begegnen können, ganz generell eine große Rolle für die demokratische Wissensgesellschaft. Das Museum ist ein faszinierendes, bereits recht gut etabliertes Beispiel, aber es gibt viele andere Orte, mit ihren jeweils eigenen Qualitäten von Öffentlichkeit: Bibliotheken, Plätze, Gärten und Bars. Ja sogar Shopping Malls sind öffentliche Orte, an denen sich ganz unterschiedliche Menschen zufällig begegnen und die darum ein großes und manchmal vielleicht unterschätztes Potenzial für gesellschaftliche Wissensproduktion und die Teilhabe an Wissenschaft haben.

Neue Bewegungen, wie etwa das *Urban Gardening*, oder neue Formate der Wissenschaftskommunikation, wie *Pint of Science*, die Wissenschaftlerinnen und Wissenschaftler gezielt an solche Orte bringen, erkunden dieses Potenzial. Sie treten neben die klassischen Orte aufgeklärter Wissenschaftskommunikation: die Akademien, Universitäten, die Vereine und Salons.

V *Citizen Science* und die Koproduktion von Wissen

Das Modell des Debattenorts, an dem wissenschaftliche und gesellschaftliche Perspektiven aufeinandertreffen, entspricht im Grunde noch weitgehend dem deliberativen PEST-Modell der Wissenschaftskommunikation, das wir oben als unzureichend bezeichnet haben, weil in ihm der Aspekt des wechselseitigen Wissensaustauschs fehlt. Naturkundemuseen sind jedoch auch Vorreiter einer (vielleicht gar nicht so) neuen Beteiligungsform an Wissenschaft: *Citizen Science* oder Bürgerwissenschaft.

In der Geschichte stellt sich die Rolle von Laien in der Wissenschaft vielschichtig und durchaus widersprüchlich dar. In vielen Disziplinen beginnt die Wissenschaft als Amateurforschung, z. B. in der Biologie, der Taxonomie, der Geologie oder der Astronomie. In vielen dieser Bereiche hat sich bis heute nichts an der Bedeutung der Amateurforschung geändert. So ist in der Biodiversitätsforschung die Rolle von Amateurforschern von nicht zu unterschätzender Bedeutung, etwa bei der Erstellung der „Roten Listen". Der Entomologische Verein Krefeld, ein 1905 gegründeter bürgerschaftlicher Forschungsverein, hat im Jahr 2017 mit einer Studie zum Insektensterben international eine breite gesellschaftliche Debatte um den Biodiversitätsverlust ausgelöst. Bürgerforscher hatten über lange Jahre Daten zur Verbreitung von Insekten in Naturschutzgebieten in Deutschland gesammelt und einen dramatischen Schwund festgestellt.[2] Keine akademische Forschungseinrichtung in Europa verfügte zu diesem Zeitpunkt über vergleichbar aussagekräftige Daten, die nur durch die Unabhängigkeit der Bürgerforscher und ihre ausdauernde und lokale Datenerhebung zustande gekommen waren.

Historisch wird die Bedeutung von Amateurforschern in botanischen und überhaupt naturkundlichen Sammlungen sichtbar: Die heute in den Naturkundemuseen aufbewahrten und weiterhin beforschten Sammlungen gehen in großen Teilen auf Amateur-Naturforscher und -forscherinnen zurück. Erst mit dem Aufstieg der experimentellen Wissenschaften im späten 19. Jahrhundert ging die Bedeutung der Amateurforschenden drastisch zurück. Labore und Archive wurden zu den bestimmenden Orten der Wissensproduktion durch Experimente und hochspezialisierte Forschung, an der nicht ausgebildete Laien nicht mehr eigenständig partizipieren konnten. In der zweiten Hälfte des zwanzigsten Jahrhunderts eignete sich die Zivilgesellschaft die Wissenschaft jedoch auf neue Weise an. Vor allem die Naturschutzbewegung bediente sich wissenschaftlicher Methoden, um etwa sauren Regen und die Verschmutzung von Gewässern nachzuweisen und so politischen Druck aufzubauen. Vielfach wurden diese Bewegungen von Wissenschaftlerinnen und Wissenschaftlern getragen, die sich „citizen scientists" nannten, um auf die gesellschaftliche Verantwortung von Wissenschaft hinzuweisen. In einigen Fällen kam es jedoch auch schon in dieser Phase zu einer echten Koproduktion von Wissen: Ein Beispiel ist die Bewegung

---

[2] Caspar A. Hallmann et al., „More than 75 percent decline over 27 years in total flying insect biomass in protected areas", *PLoS ONE*, 12, 2017, S. 1–21.

Act up, die in der AIDS-Krise der 1980er Jahre einen wesentlichen Anteil an der Erforschung von HIV-Medikamenten hatte.³

Von diesen Bewegungen lassen sich durchaus einige Linien zu dem ziehen, was heute *Citizen Science* genannt wird. Allerdings haben viele gegenwärtige Projekte in diesem Bereich einen anderen Charakter. *Citizen Science* als Bürgerwissenschaft, wie sie heute diskutiert wird, kam erst in den 1990er Jahren auf. Alan Irwin benutzte den Begriff 1995 als erster, um die Zusammenarbeit von Bürgern und professionellen Forschern bei der Festlegung von Forschungszielen zu beschreiben. Kurz darauf wurde der Begriff dann in den USA verwendet, um die Teilnahme von Amateuren an der Vogelbeobachtung am *Cornell Lab of Ornithology* zu bezeichnen.

Das *Oxford English Dictionary* beschreibt *Citizen Science* als wissenschaftliche Arbeit, die von Mitgliedern der Öffentlichkeit geleistet wird, oft in Zusammenarbeit mit oder unter der Leitung von professionellen Wissenschaftlern und wissenschaftlichen Einrichtungen. Im weitesten Sinne beschreibt der Terminus damit die Beteiligung von Bürgerinnen und Bürgern an der Produktion wissenschaftlichen Wissens selbst. Diese Beteiligung kann jedoch ganz unterschiedliche Formen annehmen.

In der Literatur werden verschiedene Typen von *Citizen Science* danach unterschieden, in welchem Maße Bürgerinnen und Bürger in den Forschungsprozess einbezogen sind: vom reinen Sammeln von Daten, dem Interpretieren von Daten, der aktiven Teilnahme an der Formulierung der Forschungsfrage oder Methode bis hin zur eigenständigen Durchführung oder vollständigen Integration in alle Phasen des Forschungsprozesses. In den Niederlanden etwa wurde die nationale Forschungsagenda durch einen breit angelegten, partizipativen Prozess ausgestaltet. Viel häufiger besteht das Mitforschen in den vielen aktuellen Projekten jedoch im Sammeln von Daten. Diese Art der Beteiligung stößt auf großes öffentliches Interesse: Im Museum für Naturkunde Berlin antworteten in den jüngsten Besucherbefragungen knapp ein Drittel der Befragten, sie würden gerne an Forschungsaktivitäten teilnehmen.

Citizen Science erfährt aktuell starke wissenschaftspolitische Unterstützung, gerade auch, weil recht große Versprechungen damit verbunden sind. Diese betreffen zum einen die bessere Vermittlung wissenschaftlicher Kompetenzen in breite Bevölkerungsschichten und zum anderen wissenschaftliche Durchbrüche. Die Stärke von *Citizen Science* ist jedoch nicht, wie häufig angenommen wird, die

---

3 Vgl. hierzu die umfassende Auseinandersetzung mit dem Begriff *Citizen Science* in Bruno J. Strasser et al., „‚Citizen Science'? Rethinking Science and Public Participation", *Science & Technology Studies*, 32, 2019, S. 52–76.

Bevölkerung wissenschaftlich zu bilden, und auch nicht, wissenschaftliche Durchbrüche zu erreichen. In Bezug auf die erste Frage fehlt es immer noch an empirischen Studien, die zeigen, wer eigentlich an *Citizen Science*-Projekten beteiligt ist. Die Erfahrung aus einzelnen Projekten, wie etwa dem britischen Projekt OPAL (*Open Air Laboratories*), zeigt aber, dass es mit erheblichem Aufwand und Kosten verbunden ist, breite Bevölkerungsschichten nachhaltig in Forschungsprojekte zu integrieren. Wer diese Art von wissenschaftspolitischen Hoffnungen erfüllen möchte, muss bereit sein, entsprechende Investitionen zu tätigen.

Die eigentliche Stärke von *Citizen Science* liegt in einem anderen Bereich. Das Konzept drängt uns, das Defizitmodell in den Köpfen der Wissenschaftlerinnen und Wissenschaftler zu überwinden. Denn *Citizen Science* bedeutet, andere Wissensarten wie praktisches Wissen, Erfahrungswissen oder Handlungswissen mit wissenschaftlichem Wissen in Kontakt zu bringen. So verstanden, ist das Potenzial von *Citizen Science* bei weitem noch nicht ausgeschöpft.

In diesem Zusammenhang wird immer wieder auf den Beitrag hingewiesen, den *Citizen Science* zur Bewältigung großer gesellschaftlicher Herausforderungen, insbesondere des Klimawandels und des Artensterbens, leisten kann. Dafür bedarf es freilich nicht nur kurzfristiger Projekte. Entscheidend ist, dass Bürgerinnen und Bürger sich langfristig und nachhaltig wissenschaftlich engagieren können. Die kurze Laufzeit vieler aktueller Projekte scheint dem erst einmal entgegenzustehen. Wie *Citizen Science* am besten zu einer strukturellen Stärkung der Zivilgesellschaft und einer wissensbasierten Demokratie beitragen kann und welche längerfristigen Aktivitäten in einem von kurzfristigen Förderinstrumenten geprägten Wissenschaftssystem verankert werden können, lässt sich darüber hinaus nur durch Erprobungen ausmachen.

Doch nicht nur die Forschungsförderung bietet eine Zukunftsperspektive. Es entstehen zunehmend wieder Projekte mit starker politischer Ausrichtung aus der Zivilgesellschaft heraus, wie z. B. *Public Lab* in den USA, die im Zuge der Ölkatastrophe im Golf von Mexiko eine einfache und günstige Technologie für Luftbildaufnahmen entwickelten und es so Anwohnern ermöglichten, Daten über die Ölverschmutzungen in ihrer Umgebung zu sammeln. Das Beispiel des Krefelder Entomologischen Vereins zeigt, dass auch die Arbeit der traditionellen forschenden Vereine wieder an Bedeutung gewinnt, auch wenn es hier immer noch ein Nachwuchsproblem gibt.

VI Eine neue Wissenschaft für eine neue Welt

Die Gegenwart ändert sich in rasendem Tempo: Es wird immer deutlicher, dass wir die großen gesellschaftlichen Probleme nur bewältigen können, wenn breite Teile der Öffentlichkeit wissenschaftlich beteiligt werden und Wissenschaft ein wahrhaftig öffentliches Gut wird. Im Grunde geht es angesichts von Klimadebatte, Biodiversitätskrise und anderen drängenden Problemen nicht mehr lediglich darum, die Menschen zu motivieren, sich mit diesen Fragen zu beschäftigen. Es kommt darauf an, neue Zugänge zum Wissen und neue Orte der Wissenserzeugung zu schaffen. Dabei wird es immer wichtiger, auch andere gesellschaftliche Teilsysteme wie die Wirtschaft oder die Medien miteinzubeziehen.

Die vorgeschlagene Neuausrichtung der Wissenschaft mag vielfach paradox und schwierig sein und eingespielte Rollen und Berufsbilder durcheinanderbringen. Doch eine neue Welt ruft auch nach einer neuen Wissenschaft, wie schon Alexis de Tocqueville angesichts der Amerikanischen Revolution bemerkte. Wir leben in einer Zeit des Übergangs, einer Zeit, die sich neu erfinden muss.

Über die Autoren

Axel Freimuth, Rektor der Universität zu Köln.

Ulrich Radtke, Rektor der Universität Duisburg-Essen.

Wilfried Hinsch, Professor für Philosophie an der Universität zu Köln. Von 2006 bis 2012 Mitglied des Wissenschaftsrates.

E. Jürgen Zöllner, Vorstand der Stiftung Charité. Von 1991 bis 2006 Bildungs- und Wissenschaftsminister in Rheinland-Pfalz. Von 2006 bis 2011 Senator für Bildung, Wissenschaft und Forschung des Landes Berlin.

Krista Sager, Kuratoriumsmitglied der Humboldt Universität. Von 1997 bis 2001 Wissenschaftssenatorin in Hamburg. Von 2002 bis 2013 Abgeordnete im Deutschen Bundestag.

Gert G. Wagner, Max Planck Fellow am MPI für Bildungsforschung in Berlin und Senior Research Fellow am DIW Berlin. Von 2002 bis 2008 Mitglied des Wissenschaftsrates.

Silja Vöneky, Professorin für Völkerrecht, Rechtsethik und Rechtsvergleichung an der Universität Freiburg. Von 2012 bis 2016 Mitglied im Deutschen Ethikrat.

Nicola Kuhrt, freie Wissenschaftsjournalistin und Mitgründerin von MedWatch.de, einem Startup für evidenzbasierte Medizinnachrichten.

Daniel Eggers, wissenschaftlicher Mitarbeiter am Lehrstuhl für Praktische Philosophie der Universität zu Köln.

Annette Leßmöllmann, Professorin für Wissenschaftskommunikation und Linguistik am Karlsruher Institut für Technologie (KIT).

Lukas H. Meyer, Professor für Philosophie an der Universität Graz. Hauptautor des 5. Sachstandsberichts des Weltklimarats (IPCC).

Maike Weißpflug, wissenschaftliche Mitarbeiterin am Museum für Naturkunde in Berlin.

Johannes Vogel, Generaldirektor des Museums für Naturkunde in Berlin und Professor für Biodiversität und Wissenschaftsdialog an der Humboldt Universität zu Berlin. Vorsitzender der European Citizen Science Association (ECSA).

www.ingramcontent.com/pod-product-compliance
Lightning Source LLC
Chambersburg PA
CBHW020618300426
44113CB00007B/700